Satish Kumar
Jay Prakash Pandey

Avaliação da qualidade da água da cascata de Hundru, Ranchi (Índia)

Satish Kumar
Jay Prakash Pandey

Avaliação da qualidade da água da cascata de Hundru, Ranchi (Índia)

ScienciaScripts

Imprint
Any brand names and product names mentioned in this book are subject to trademark, brand or patent protection and are trademarks or registered trademarks of their respective holders. The use of brand names, product names, common names, trade names, product descriptions etc. even without a particular marking in this work is in no way to be construed to mean that such names may be regarded as unrestricted in respect of trademark and brand protection legislation and could thus be used by anyone.

Cover image: www.ingimage.com

This book is a translation from the original published under ISBN 978-3-659-88678-2.

Publisher:
Sciencia Scripts
is a trademark of
Dodo Books Indian Ocean Ltd. and OmniScriptum S.R.L publishing group

120 High Road, East Finchley, London, N2 9ED, United Kingdom
Str. Armeneasca 28/1, office 1, Chisinau MD-2012, Republic of Moldova, Europe
Managing Directors: Ieva Konstantinova, Victoria Ursu
info@omniscriptum.com

Printed at: see last page
ISBN: 978-620-8-52712-9

DEDICADO

PARA

O MEU PAI

(FALECIDO SRI RADHA KRISHNA PD. GUPTA)

ÍNDICE

RECONHECIMENTO

É com grande prazer que reconheço o apoio e a assistência de todos aqueles que tornaram possível a conclusão deste trabalho. Em primeiro lugar, tenho de expressar a minha gratidão e os meus sinceros agradecimentos ao meu orientador, Dr. J.P. Pandey, Leitor, Departamento de Química Aplicada, Birla Institute of Technology, Mesra, Ranchi, pela sua valiosa orientação e apoio. As suas ideias lacónicas, o seu apoio moral e o seu encorajamento foram uma fonte constante de inspiração para mim. Gostaria de agradecer à Dra. Usha Jha, Professora e Diretora do Departamento de Química Aplicada do Birla Institute of Technology, Mesra, Ranchi, por me ter dado a oportunidade de realizar o meu projeto de trabalho neste departamento e pelas suas sugestões pertinentes e apoio moral na preparação desta dissertação. Estou também grato ao Er. B. N. Sinha, Diretor do Centro de Estudos de Patna, que me ajudou muito, de uma forma ou de outra. Estou igualmente grato ao bibliotecário e ao seu pessoal por me terem proporcionado o acesso a revistas electrónicas. Devo reconhecer o apoio e a assistência que recebi do Dr. R. N. Gupta, Leitor, Departamento de Ciências Farmacêuticas, BIT, Mesra, na preparação desta dissertação. Tenho de agradecer ao Sr. Kishan Kumar, assistente de laboratório, pela sua ajuda e cooperação durante a recolha de amostras e a análise. Os meus sinceros agradecimentos à minha mãe, a Sra. Shail Devi, e aos meus irmãos mais velhos, o Sr. Manish Kumar e o Sr. Ratish Kumar, pelo seu apoio moral e encorajamento contínuos.

Gostaria de agradecer a todos os meus colegas, seniores e professores que fizeram comentários e sugestões valiosos para melhorar a minha dissertação. Por último, mas não menos importante, devo agradecer a todos os outros que me ajudaram indiretamente na preparação desta dissertação.

Local: **RANCHI** **SATISH KUMAR**

CAPÍTULO 1

INTRODUÇÃO

1.1 GERAL

" HUNDRU FALL" é uma das quedas de água mais pitorescas que rodeiam Ranchi, a capital de Jharkhand. Fica a 45 quilómetros de Ranchi, na estrada Ranchi-Purulia. Aqui, o rio Subernarekha cai de uma altura de 320 pés e depois entra no distrito de Singhbhum. As piscinas no fundo das quedas são o local preferido para piqueniques e banhos. [1,2]

1.2 LOCALIZAÇÃO

Estado: Jharkhand

Distrito: Ranchi

Bloco: Ormajhee

Coordenada geográfica:

Longitude: 85°40'9 "E

Latitude: 23°26'1 "N

FIGURA 1.1: QUEDA DE HUNDRU

1.3 OBJECTIVO

O aumento da procura de recursos hídricos e de água de boa qualidade em Ranchi, como resultado da urbanização progressiva, do crescimento socioeconómico, das actividades agrícolas e do desenvolvimento das indústrias, inspirou-me a fazer o trabalho de investigação relevante. O objetivo deste estudo foi avaliar a qualidade da água da Queda de Hundru do Rio Subarnarekha (um grande recurso de água para uma grande população) e avaliar a sua viabilidade para uma utilização polivalente, nomeadamente, para beber, para uso doméstico, para actividades recreativas, irrigação, pesca e fins industriais.

1.4 CRITÉRIOS DE QUALIDADE DA ÁGUA

Várias agências nacionais e internacionais envolvidas na avaliação da qualidade da água e no controlo da poluição definiram critérios de qualidade da água para diferentes utilizações da água, considerando diferentes parâmetros indicadores. Os esquemas de classificação dos critérios/normas de qualidade da água desenvolvidos por estas agências diferem, para além das terminologias utilizadas, tais como nível de ação, nível de orientação, etc., na definição dos valores de concentração nestas classes. As gamas de concentração nestas classes são definidas no cenário indiano tendo em conta as normas indianas e os critérios do Central Pollution Control Board (CPCB). A Organização Mundial de Saúde (OMS), em Genebra, também fornece diretrizes para a qualidade da água potável. As diretrizes da OMS são indicadas em termos de níveis de ação para parâmetros orgânicos, inorgânicos e bacteriológicos importantes. O termo "nível de ação" indica um nível acima do qual as razões para a presença de uma substância devem ser investigadas e devem ser aplicadas medidas corretivas adequadas.

A qualidade da água é um termo relativo utilizado para a utilização proposta da água para diferentes fins, ou seja, domésticos, industriais, agrícolas, etc., mas do ponto de vista do utilizador, a qualidade da água é definida como *"as caraterísticas físicas, químicas ou biológicas da água através das quais o utilizador avalia a aceitabilidade da água"*, a água necessária para beber deve ser pura, saudável e potável. Para a gestão da qualidade da água de uma massa de água, na Índia, o Conselho Central de Controlo da Poluição (CPCB), um organismo de vanguarda no domínio da gestão da qualidade da água, desenvolveu *a "melhor utilização designada"*. O CPCB identificou 5 dessas *"melhores utilizações designadas"*, como se segue (Quadro 1.1).

QUADRO 1.1 Critérios de qualidade da água: Classificação das águas superficiais com base na utilização na Índia (de acordo com a CPCB) [3]:

Designado Melhor utilização	Classe	Critérios
Fonte de água potável sem tratamento convencional mas após desinfeção	A	1. pH entre 6,5 - 8,5 2. Oxigénio dissolvido 6 mg/L ou mais 3. CBO (5 dias) a 20º C 2 mg/L ou menos 4. O número de coliformes totais NMP/100 ml deve ser igual ou inferior a 50
Banhos ao ar livre	B	1. pH entre 6,5 - 8,5 2. Oxigénio dissolvido 5 mg/L ou mais 3. CBO (5 dias) a 20º C 3 mg/L ou menos 4. O número de coliformes totais NMP/100 ml deve ser igual ou inferior a 500
Fonte de água potável após tratamento convencional e desinfeção	C	1. pH entre 6-9 2. Oxigénio dissolvido 4 mg/L ou mais 3. CBO (5 dias) a 20º C 3 mg/L ou menos 4. O número de coliformes totais NMP/100 ml deve ser igual ou inferior a 5000
Propagação da vida selvagem e da pesca	D	1. pH entre 6-9 2. Oxigénio dissolvido 4 mg/L ou mais 3. CBO (5 dias) a 20º C 3 mg/L ou menos
Irrigação, arrefecimento industrial, eliminação controlada de resíduos	E	1. pH entre 6-8,5 2. Condutividade a 25ºC em µS/cm máx. 2250 3. Rácio de absorção de sódio Máx. 26 4. Boro Máx. 2 mg/L

QUADRO 1.2: Especificação da norma indiana para água potável (IS-10500-1992) [4]

PARÂMETROS	LIMITE ADMISSÍVEL
Cor, unidades Hazen, máx	10
Odor	Inaceitável
Gosto	Agradável
Turbidez NTU, máx	5
Valor do pH	6,5 a 8,5
Sólidos totais dissolvidos mg/L, máx.	500
Dureza total (como $CaCO_3$) mg/L, max	300
Cálcio (como Ca) mg/L, máx	75
Magnésio (como Mg) mg/L, máx	30
Cobre (como Cu) mg/L, máx	0.05
Ferro (como Fe), mg/L, máx	0.30
Manganês (como Mn), mg/L, máx	0.10
Cloreto (expresso em Cl^-), mg/L, máx	250
Sulfato (expresso em SO_4^{--}) mg/L, máx	200
Nitrato (expresso em NO_3^-), mg/L, máx	45
Fluoreto (expresso em F^-), mg/L, máx	1.0
Arsénio (como As), mg/L, máx	0.05
Zinco (como Zn), mg/L, Max	5.0
Crómio (expresso em Cr^{6+}), mg/L, máx.	0.05
Pesticidas, Max	Ausente
Alcalinidade (como Al), mg/L, Max	200

QUADRO 1.3: Organização Mundial de Saúde (OMS), Genebra, 1984, Diretrizes para a qualidade da água potável [5]

Caraterísticas	Nível de ação	Unidade
Arsénio	0.05	mg/L
Cádmio	0.005	mg/L
Crómio	0.05	mg/L
Cianeto	0.1	mg/L
Fluoreto	1.5	mg/L
Chumbo	0.05	mg/L
Mercúrio	0.001	mg/L
Níquel	0.1	mg/L
Azoto nitrato e nitrito	10	mg/L
Azoto nitrito	1.0	mg/L
Selénio	0.01	mg/L
Cloreto	250	mg/L
Sulfato	400	mg/L
Dureza em $CaCO_3$	500	mg/L
Sólidos totais dissolvidos	1000	mg/L
Alumínio	0.2	mg/L
Cobre	1.0	mg/L
Ferro	0.3	mg/L
Manganês	0.1	mg/L
Sódio	200	mg/L
Zinco	5.0	mg/L
Clorofenóis	0.1	µg/L
Clorofórmio	30	µg/L
DDT	1.0	µg/L
Heptacloro	30	µg/L
Lindano	3.0	µg/L
Monoclorobenzeno	3.0	µg/L
1,4-diclorobenzeno	0.1	µg/L
Atividade alfa bruta	0.1	Bq/L
Atividade beta bruta	1.0	Bq/L
Cor	15	TCU
Turbidez	5	NTU

Gosto	Não censurável	
pH	6,5 a 8,5	
Coliformes	Ausente em 100mL	

1.5 FONTES DE POLUIÇÃO EM HUNDRU FALL

O rio Subernarekha nasce no lado sudoeste da cidade de Ranchi, entra na albufeira de Hatiya e percorre um terreno montanhoso que abrange terrenos agrícolas, zonas industriais e zonas urbanas até à albufeira de Getalsud, descendo depois para HUNDRU FALL. As actividades urbanas e industriais ao longo do rio Subernarekha poluem consideravelmente o rio. Recebe uma quantidade significativa de carga poluente, principalmente: (1) esgotos e resíduos domésticos, (2) efluentes industriais, (3) descargas agrícolas e (4) devido aos turistas de todo o mundo que vêm fazer piqueniques na cascata de Hundru e deitam resíduos (objectos comestíveis, embalagens, etc.) no rio.

Depois dos esgotos e dos resíduos domésticos, os efluentes industriais desempenham um papel importante na poluição das águas do rio Subernarekha. Em Ranchi, estão situadas cerca de 22 grandes e médias indústrias (quadro 3). A maioria destas indústrias descarrega os seus efluentes tratados incorretamente no rio Subernarekha. Os efluentes industriais contêm ácidos e álcalis, metais pesados (Fe, Zn, Cr, Mn, Hg, Pb), nutrientes como (fosfatos, nitratos), sulfato, sulfureto, cianeto, óleos e gorduras, resíduos orgânicos tóxicos (formaldeído, fenol), corantes e elevada CBO e CQO. Em última análise, chega a Hundru através da jusante do rio.

QUADRO 1.4 Nome das indústrias e respectivos produtos [2]

S.N.	Nome dos sectores	Artigo de fabrico
1.	Corporação de Engenharia Pesada (HEC), Dhurwa, Ranchi	Fabrico de máquinas pesadas
2.	Indústrias Usha Martine, Tatisilwai, Ranchi	Fios, cabos/cabos de arame, de telecomunicações subterrâneos com enchimento de gelatina, cabos de fibra ótica
3.	ChotaNagpur Rope Works Pvt. Ltd., Mahilong , Namkum	Produtos de juta
4.	Miki Wire Works Pvt. Ltd., Mahilong ,	Produtos de arame

	Ranchi	
5.	Rajan Chemicals Ind. Pvt. Ltd., Mahilong, Ranchi	Silicato de sódio
6.	Fábrica de postes de Ranchi, Mahilong, Ranchi	Postes eléctricos
7.	Pelriwal Hydrocarbon and Chemicals Pvt. Ltd., Mahilong, Ranchi	Coaltar, petróleo de querosene pesado e leve et
8.	Bharat Mineral and Ceramic Ind., Mahilong, Ranchi	Tijolos refractários e refractários Produto
9.	Indústria de tubos de betão de Chotanagpur, Mahilong, Ranchi	Tubo Hume
10.	Indústria química Anil, Mahilong, Ranchi	Silicato de sódio
11.	Pensol Ind. Pvt Ltd., Namkum, Ranchi	Lubrificantes
12.	Pragati Chemicals, Namkum, Ranchi	Pó de lavagem
13.	Express Confectioners Pvt. Ltd., Mahilong, Ranchi	Pão
14.	Waxpol Ind. Ltd., Tatisilway, Ranchi	Polimento de automóveis/metal/piso/sapatos
15.	Cerâmica Raj, Hardag, Khijri, Ranchi	Tijolos refractários e produtos refractários
16.	SVS Wires, Mahilong, Ranchi	Fios de aço
17.	Balaji Wire Ind., Mahilong, Ranchi	Produtos de aço de arame e ferro
18.	Manglam Lubricants, Hardag , Khijri, Ranchi	Lubrificantes
19.	Tajna River Ind. Pvt. Ltd., Khunti	Desparafinado Branqueado
20.	Hindustan Tiles, Hulhundu, Ranchi	Mosaicos e produtos de cimento
21.	Bhawani Food Products Pvt. Ltd., Namkum, Ranchi	Farinha de trigo
22.	Shivnarayan Jaiswal Pvt. Ltd., Ranchi	Mistura e engarrafamento de licor indiano/estrangeiro
23.	Amrawati Ind., Mahilong, Ranchi	Produtos de soja

CAPÍTULO 2

REVISÃO DA LITERATURA

Foram pesquisados vários livros e revistas para conhecer os trabalhos relacionados realizados e os últimos desenvolvimentos relativos ao presente trabalho de investigação. Alguns dos trabalhos de investigação e as suas conclusões são apresentados a seguir:

Ouyanga Y et al (2006) trabalharam na avaliação das variações sazonais da qualidade das águas de superfície. Neste estudo, foram analisados dados de qualidade das águas superficiais relativos a 16 parâmetros físicos e químicos recolhidos em 22 estações de monitorização num rio durante os anos de 1998 a 2001. A análise mostra que um parâmetro que é mais importante na contribuição para a variação da qualidade da água numa estação pode não ser importante noutra estação, exceto para o DOC (carbono orgânico dissolvido) e a condutância eléctrica, que foram sempre os parâmetros mais importantes na contribuição para as variações da qualidade da água nas quatro estações. [6]

Singh Kunwar P. et al (2005) investigaram a qualidade da água e a repartição das fontes de poluição do rio Gomti (Índia) utilizando técnicas estatísticas multivariadas. Nesta investigação, cinco parâmetros (temperatura, alcalinidade total, Cl, Na e K) proporcionaram mais de 94% de atribuições corretas na análise temporal, enquanto 10 parâmetros (descarga do rio, pH, CBO, Cl, F, PO_4, NH_4-N, NO_3-N, TKN e Zn) proporcionaram 97% de atribuições corretas na análise espacial de três regiões diferentes da bacia. [7]

Hoko Zvikomborero (2005) avaliou a qualidade da água potável nos distritos rurais do Zimbabué. Este estudo analisou a qualidade da água de pontos de água nos distritos de Gokwe South, Nkayi, Lupane e Mwenezi. Os parâmetros analisados foram o pH, a temperatura, o oxigénio dissolvido (OD), a turbidez e a condutividade eléctrica (CE). [8]

Baghel Vinay S. et al.(2005) estudaram a qualidade da água do rio Ganges, recolhendo amostras de água em 21 locais diferentes a jusante do glaciar, que é a nascente do rio Ganges, durante as estações de inverno, verão e monção, para análise da contagem total de organismos viáveis, contagem total de coliformes, contagem de coliformes fecais e contagem de estreptococos fecais, que são organismos indicadores de contaminação fecal. As contagens totais viáveis situaram-se entre 2 x10^2 e 40 x 10^2 ml^{-1} no inverno, 7 x10^2 e 40 x10^2 ml^{-1} no verão e 2x10^2 e 40 x10^2 ml^{-1} na monção. A gama de NMP 100 ml^{-1} para coliformes totais foi de 34-1600, 300-1600 e 40-1600, para coliformes fecais foi de 2-500, 2-900, 2- 900 e para estreptococos fecais foi de 33-900, 40900 e 40-1600 no inverno, verão e monção, respetivamente. O objetivo geral deste trabalho foi investigar a incidência destes organismos indicadores, coliformes, coliformes fecais e estreptococos fecais no escoamento do glaciar de Gangotri, nos Himalaias ocidentais, na Índia. [9]

Goldar Bishwanath e Banerjee Nandini (2004) estudaram o impacto da regulamentação informal da poluição da água na qualidade da água dos rios indianos. Para o efeito, foi efectuada uma análise econométrica dos factores determinantes da qualidade da água nos rios indianos, utilizando dados sobre a qualidade da água (classe de água) relativos a 106 pontos de monitorização em 10 rios importantes durante cinco anos, 1995-1999. [10]

Goransson Elisabet et al (2004) recolheram amostras de um lago médio para avaliar a qualidade da água no estado do lago. Concentraram-se na química da água superficial em 34 lagos suecos. [11]

Gupta D. B. e Mitra Siddhartha (2004) estudaram a sustentabilidade da bacia hidrográfica do rio Subarnarekha. [12]

Sargaonkar Aabha e Deshpande Vijaya (2003) desenvolveram um índice global de poluição das águas de superfície com base num esquema de classificação geral no contexto indiano. No presente artigo, propõe-se um esquema de classificação geral para a avaliação da qualidade das águas superficiais: excelente, aceitável, ligeiramente poluída, poluída e muito poluída. As gamas de concentração nestas classes são definidas no contexto indiano, tendo em conta as normas indianas e os critérios da CPCB. Foram também tidas em conta as normas da Comunidade Europeia (CE), da OMS, etc., e os factos relatados sobre os efeitos da poluição de parâmetros indicadores importantes da qualidade da água nas zonas circundantes. [13] **Das J. et al (2003)** avaliaram a qualidade das águas lóticas na cidade de Cuttack, na Índia. Foram recolhidas 120 amostras de água e de esgotos em 20 estações durante seis estações consecutivas em dois anos, a fim de estudar o possível impacto dos esgotos domésticos nas águas lóticas de Cuttack e arredores, na Índia. [14] **Ravichandran S. (2003)** estudou as influências hidrológicas nas tendências da qualidade da água na bacia de Tamiraparani, no sul da Índia. As variáveis de qualidade da água - Turbidez, pH, Condutividade Eléctrica (CE), Cloretos e Dureza Total (TH) foram monitorizadas num local a jusante do rio Tamiraparani durante 1978-1992. As observações foram efectuadas a intervalos semanais numa estação de tratamento e abastecimento de água, utilizando métodos normalizados. [15]

Stambuk-Giljanovic Nives (2003) estudou estatisticamente a qualidade da água do rio Vrgorska matica, localizado no sul da Croácia, utilizando nove parâmetros de qualidade da água. [16]

Simeonov V. et al (2003) avaliaram a qualidade das águas superficiais no Norte da Grécia. O conjunto de dados consiste em resultados analíticos de um estudo de 3 anos efectuado nos principais sistemas fluviais (Aliakmon, Axios, Gallikos, Loudias e Strymon), bem como em ribeiros, afluentes e valas. Vinte e sete parâmetros foram monitorizados mensalmente em 25 locais-chave de amostragem (total de 22.350 observações). [17]

Jurdi Mey et al (2002) avaliaram a qualidade da água da albufeira de Qaraaoun, no Líbano: adequação a uma utilização polivalente. O objetivo deste estudo foi avaliar a qualidade da água da albufeira de Qaraaoun do rio Litani e avaliar a sua viabilidade para uma utilização polivalente como uma das soluções para os problemas de água agravados no Líbano. As amostras foram recolhidas em 18 locais de amostragem em várias datas durante a estação seca. Os parâmetros analisados foram: pH, condutividade eléctrica, TDS, turbidez, alcalinidade, Ca, Mg, TH, Cl^-, SO_4^{2-}, NH_3, NO_3^-, PO_4^{3-}, Fe, Al, Na, Zn, Cr, Cu e As. [18]

Stambuk-Giljanovic Nives (2001) avaliou a qualidade da água na albufeira de Bu "Sko Blato. O artigo apresenta os resultados de medições químicas e microbiológicas da qualidade da água na albufeira de Bu "sko Blato, a maior da Europa, no período de 1989 a 1998. [19]

Pande Sunil P. et al (2001) avaliaram a concentração de arsénio através de testes em kits de campo no Bangladesh e em Bengala Ocidental. [20]

CAPÍTULO 3
MATERIAIS E MÉTODOS

3.1. MÉTODOS DE CAMPO

A queda de Hundru está situada a leste do rio Subernarekha. Os locais de amostragem na queda foram selecionados após um levantamento preliminar de reconhecimento. No total, foram localizados 4 pontos de amostragem (S1-S4) na queda. O sítio S1 situa-se no topo da queda (o rio Subernarekha desce como uma queda). Os sítios S2-S4 situam-se nas principais massas de água da queda após a descida. A amostragem foi efectuada de janeiro a junho de 2007. Esperava-se que as flutuações na qualidade da água fossem influenciadas por: (a) variabilidade do influxo do rio, (b) evaporação, (c) pico da estação seca. As amostras para análise foram recolhidas em cada local de amostragem a meia profundidade da superfície, utilizando duas garrafas de polietileno de 1 L. As garrafas de polietileno foram pré-embebidas durante a noite em ácido nítrico a 10% (v/v) e depois lavadas com água destilada. Antes de serem enchidas com a amostra, foram também lavadas duas vezes com água de queda. O método de amostragem e recolha está em conformidade com os métodos normalizados APHA, AWWA, WPCF[21]. As amostras foram transportadas para o laboratório em refrigeradores portáteis.

3.2. ANÁLISE LABORATORIAL

Os parâmetros físicos, químicos e biológicos selecionados para a avaliação da qualidade da água foram baseados nas fontes de descarga identificadas pelo inventário pré-estudo de contaminantes ao longo da bacia hidrográfica.

Os vários parâmetros foram determinados utilizando procedimentos normalizados (APHA, AWWA, WPCF, 1992) [21]. As amostras de água recolhidas nas garrafas de polietileno foram filtradas através de papel de filtro e divididas em duas partes: uma garrafa foi acidificada com ácido nítrico até pH < 2 e armazenada a 4°C para análise de metais. A outra garrafa foi armazenada a 4° C sem adição de ácido nítrico. Estas amostras foram analisadas com os reagentes da MERCK Analytical Grade chemicals, e os procedimentos seguidos de acordo com o Standard Method (APHA, AWWA, WPCF, 1992) [21].

3.2.1 Temperatura, condutividade eléctrica, pH e sólidos dissolvidos (TDS):

A temperatura, a condutividade eléctrica, o pH e os sólidos totais dissolvidos (TDS) foram medidos no próprio local utilizando o analisador portátil da qualidade da água, modelo PE 138, ELICO, Índia. O procedimento foi seguido de acordo com as instruções dadas no manual do utilizador fornecido pelo fabricante do instrumento.

FIGURA 3.1 Analisador portátil da qualidade da água, marca: Elico

3.2.2 Sólidos totais e sólidos totais em suspensão:

O sólido total e o sólido total em suspensão foram determinados por método gravimétrico. Para o sólido total, a amostra de água foi evaporada num prato de sílica pesado e seca a 105°C. O aumento de peso em relação ao peso do prato vazio representa o total de sólidos e, para o total de sólidos em suspensão, a amostra de água foi filtrada através de um filtro de fibra de vidro previamente pesado. O filtro foi seco a 105 °C e novamente pesado. A quantidade de sólidos em suspensão foi determinada a partir do aumento de peso do papel de filtro utilizando uma balança eletrónica Mettler muito sensível (gama mínima= 0,0001gm), modelo AE 200.

3.2.3 Turbidez:

A turbidez foi determinada por um turbidímetro Nephelo, modelo n.º 125, Systronics, Índia.

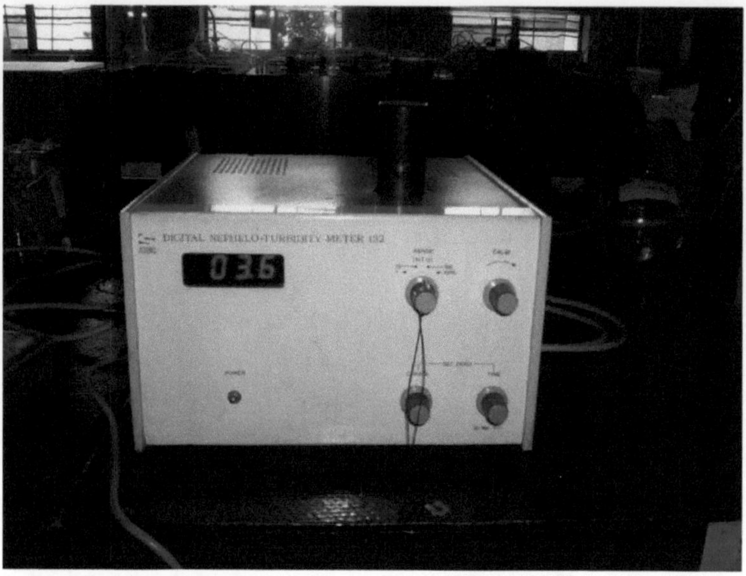

FIGURA 3.2 Medidor de turbidez Nephelo 132, marca: Systronics

3.2.4 Dureza total, dureza de Ca e dureza de Mg:

A dureza total, a dureza de Ca e a dureza de Mg foram determinadas pela titulação de complexação direta com o sal de sódio do ácido etilenodiamino tetra-acético (EDTA). O EDTA reage com os iões Ca e Mg para desenvolver a cor vermelho-vinho com o negro de eriocromo T em condições alcalinas. Quando o EDTA é adicionado como titulante, os iões divalentes Ca e Mg complexam-se, resultando numa mudança brusca de vermelho vinho para azul, o que indica o ponto final da titulação. O pH para esta titulação foi mantido a 10±0,1. A um pH mais elevado, isto é, a cerca de 12,0, o ião Mg^{2+} precipita e apenas o ião Ca^{2+} permanece em solução. A este pH, o indicador Murexido forma uma cor rosa com o Ca^{2+}, quando o EDTA é adicionado, o Ca^{2+} é complexado, resultando numa mudança de rosa para púrpura, o que indica o ponto final da reação. Por fim, para calcular a dureza Mg, subtraiu-se a dureza Ca da dureza total.

Ou seja, dureza do magnésio = dureza total - dureza do cálcio.

3.2.5 Alcalinidade total:

A alcalinidade da amostra foi determinada por titulação com ácido sulfúrico padrão. A titulação a pH 8,3 ou a descoloração do indicador de fenolftaleína indica a neutralização completa de OH^- e ½ de CO_3^{2-}, enquanto que a pH 4,5 ou a mudança brusca de amarelo para laranja do indicador de alaranjado de metilo indica alcalinidade total.

3.2.6 Cloreto:

A concentração do ião cloreto foi determinada em solução neutra ou ligeiramente alcalina por titulação com nitrato de prata padrão, utilizando cromato de potássio como indicador, sendo o cloreto de prata precipitado quantitativamente antes da formação de cromato de prata vermelho.

3.2.7 Nitrato + Nitrito:

O nitrato e o nitrito foram determinados pelo SKALAR WATER ANALYSER, HOLANDA. O princípio do procedimento automatizado para a determinação dos iões nitrato e nitrito baseia-se no método de redução do cádmio; a amostra é passada através de uma coluna contendo cobre-cádmio granulado para reduzir o nitrato a nitrito. O nitrito (originalmente presente mais o nitrato reduzido) é determinado por diazotização com sulfanilamida e acoplamento com dicloridrato de a-naftil-etilenodiamina para formar um corante azo altamente colorido que é medido no comprimento de onda de 540 nm. O procedimento foi seguido de acordo com as instruções dadas no manual do utilizador fornecido pelo fabricante do instrumento (SKALAR, Países Baixos).

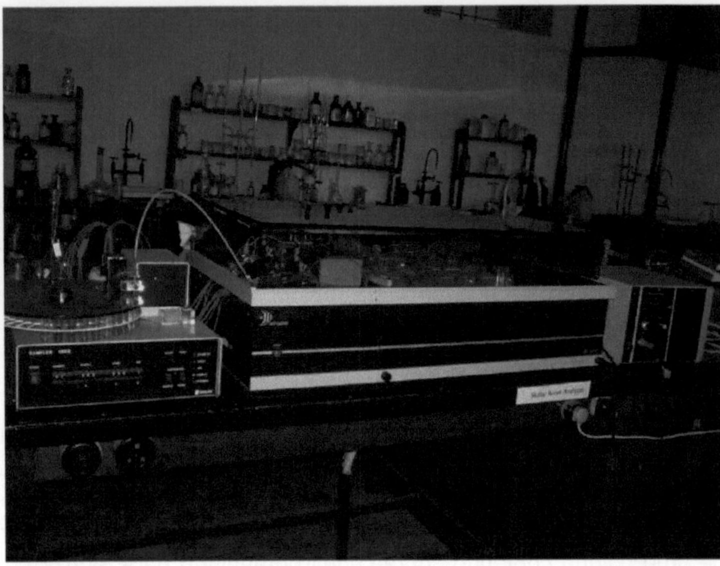

FIGURA 3.3 Analisador de água Skalar, marca: SKALAR, Países Baixos

3.2.8 Sulfato:

O ião sulfato foi precipitado em meio ácido (HCl) com cloreto de bário como sulfato de bário. A dispersão da luz devido à suspensão precipitada é medida no turbidímetro Nephelo (marca: Systronics). A concentração do ião sulfato na amostra de água foi determinada pelo método da curva de calibração padrão.

3.2.9 Arsénio:

O arsénio na amostra de água foi determinado pelo Merck Test Kit-1.17927.0001 (altamente sensível). A concentração de arsénio (III) e arsénio (V) é medida semiquantitativamente por comparação visual da zona de reação da tira de teste analítica com o campo de uma escala de cores.

3.2.10 Cálcio e magnésio:

O cálcio e o magnésio foram determinados pelo fator de multiplicação 0,4 e 0,244 no valor da dureza Ca- e Mg-.

3.2.11 Metais pesados (Fe, Zn, Mn e Cr):

O Fe, o Zn, o Mn e o Cr foram determinados por espetrofotómetro de absorção atómica (marca: Shimadzu-AA-680, Japão) com uma chama de ar/acetileno e correção de fundo com uma lâmpada de deutério. As soluções padrão de trabalho foram preparadas com o padrão Merck CentriPur em água bidestilada.

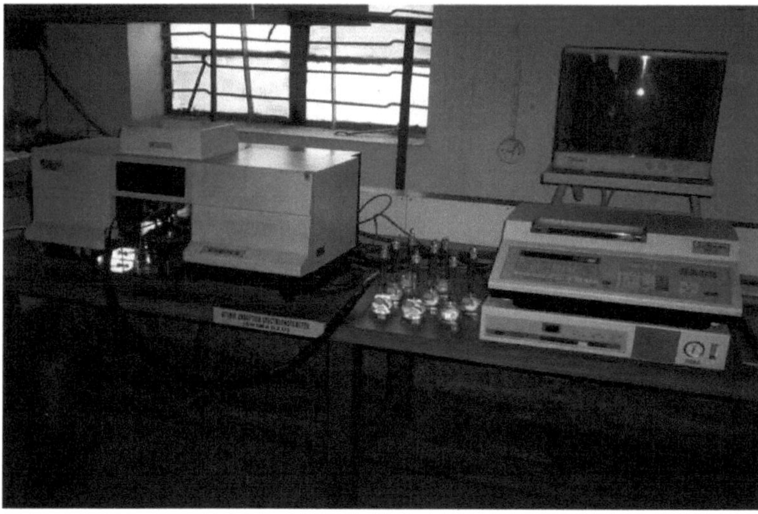

FIGURA 3.4 Espectrofotómetro de absorção atómica AA-680, marca: Shimdzu, Japão

3.2.12Fluoreto:

Em condições ácidas, o fluoreto reage com a solução de zircónio SPADNS e a cor do reagente SPADNS é branqueada devido à formação de ZrF_6^-. Uma vez que o branqueamento é uma função dos iões fluoreto, é diretamente proporcional à concentração de fluoreto. Obedece à lei de Beer de forma inversa.

A concentração de fluoreto na amostra de água foi determinada pela curva de calibração padrão no espetrofotómetro (Modelo-DR/2400, HACH, EUA).

FIGURA 3.5 Espectrofotómetro (Modelo-DR/2400), marca: HACH, EUA

3.2.13Carência química de oxigénio (CQO):

A CQO na amostra de água foi determinada por espetrofotómetro (Modelo DR/2400, HACH, EUA), após digestão em bloco de reator (DRB, HACH, EUA) utilizando o reagente Hach a 150°C durante 2 horas. O procedimento foi seguido de acordo com as instruções dadas no manual do utilizador fornecido pelo fabricante do instrumento.

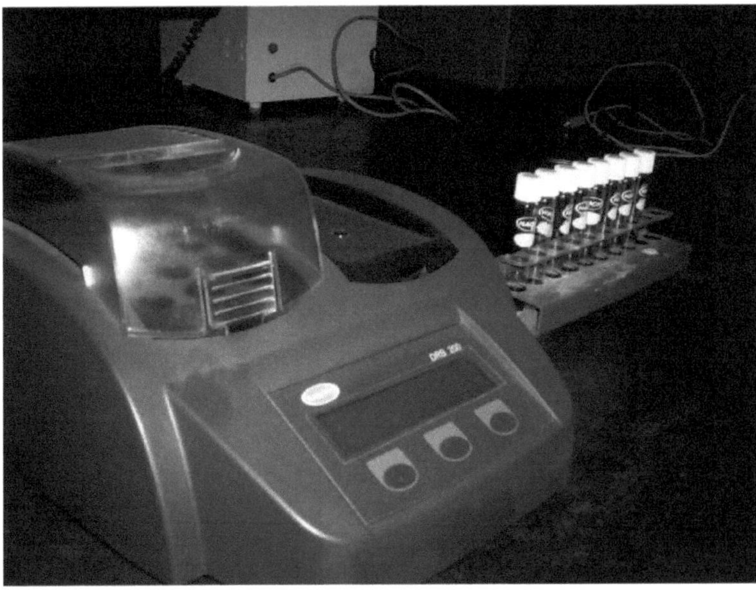

FIGURA 3.6 Bloco do reator digital (modelo-DRB-200), marca: HACH, EUA

3.2.14Oxigénio dissolvido (DO) pelo método de Winkler:

O oxigénio presente na amostra de água oxida rapidamente o hidróxido de manganês divalente disperso para a sua valência mais elevada, que precipita como um óxido hidratado de cor castanha após a adição do reagente alcalino-iodeto-azida. Após a acidificação, o manganês reverte para o estado divalente e liberta iodo do KI equivalente ao teor original de DO. O iodo libertado é titulado contra uma solução padrão de tiossulfato de sódio utilizando amido como indicador.

3.2.15Carência Bioquímica de Oxigénio (CBO):

A CBO foi determinada por um instrumento denominado BODTrak (marca: HACH, EUA). O procedimento foi seguido de acordo com as instruções dadas no manual do utilizador fornecido pelo fabricante do instrumento.

O ensaio de CBO é efectuado a 20°C num ambiente controlado. A duração do ensaio é de cinco dias. O ensaio mede a quantidade de oxigénio consumida pelas bactérias para oxidar a matéria orgânica numa amostra de água. O método BODTrak é um método fácil e direto de medição da CBO. O instrumento BODTrak efectua uma medição física do oxigénio consumido por uma amostra de ensaio.

Vantagens da utilização do método BODTrak em relação ao método de diluição:

- Tempo mínimo de preparação da amostra.

- Redução do tempo total de ensaio (não são necessárias titulações e diluições).

- O teste BODTrak é fácil de monitorizar.

- A taxa de CBO pode ser observada diariamente sem perturbar a amostra. As alterações de pressão no sistema fechado BODTrak são apresentadas graficamente num LCD em mg/L. O sistema fornece 480 pontos de dados uniformemente espaçados durante o período selecionado (5,25, 7 ou 10,5 dias).

- No método BODTrak, o dióxido de carbono (CO_2) é produzido quando os microrganismos oxidam a matéria orgânica na amostra. O CO_2 tem de ser removido do sistema, pelo que a diferença de pressão medida é proporcional apenas à quantidade de oxigénio (O_2) utilizada.

- O BODTrak é selado para evitar que alterações externas da pressão atmosférica afectem a leitura de CBO. Os sensores de pressão monitorizam a pressão do ar dentro das garrafas de amostra e, quando a pressão do ar diminui, a alteração da pressão é convertida em mg/L de CBO.

3.2.16Coliformes totais:

Com a técnica de filtração por membrana (MF) *utilizando ágar mTergitol-7:* Após filtração de 100 ml de amostra de água através de filtros estéreis de membrana mista de éster de celulose (tamanho dos poros: 0,45 pm, diâmetro 47 mm, MERCK), os filtros foram colocados em placas de Petri contendo *ágar mTergitol-7.* De acordo com o método estabelecido para água potável (APHA 1992) [21], as placas de Petri foram incubadas aerobicamente durante 48 h a 37°C. Todas as colónias metálicas e vermelhas foram contadas como coliformes totais por um contador de colónias digital.

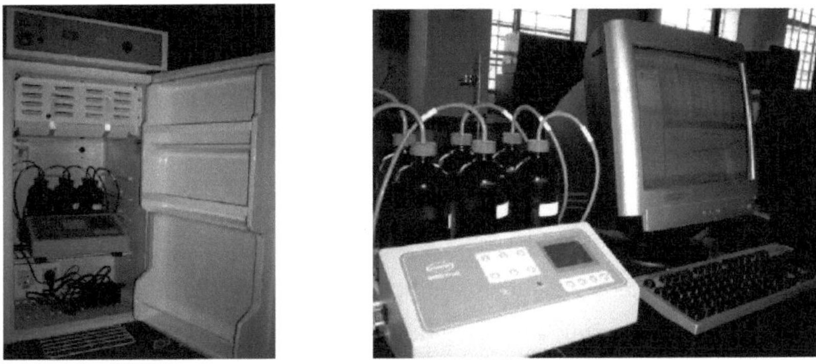

FIGURA 3.7 Incubadora e aparelho BODTrak, Marca: HACH, EUA

CAPÍTULO 4

RESULTADOS E DISCUSSÃO

Os estudos centraram-se em dois aspectos (I) Avaliação da qualidade da água da queda de Hundru e (II) A sua adequação para utilizações polivalentes.

(I) AVALIAÇÃO DA QUALIDADE DA ÁGUA:

A fonte de água da queda de Hundru é o rio Subernarekha. A água deste rio está a ser afetada devido ao aumento das indústrias (Quadro 1.5), ao crescimento da população, aos resíduos agrícolas, aos resíduos domésticos e às descargas de esgotos. Por este motivo, a água do rio Subernarekha está a ser poluída e a água da queda de Hundru também está poluída devido à atividade humana excessiva, porque é um dos famosos locais de piquenique de Jharkhand.

Este estudo foi efectuado durante um período de seis meses, ou seja, de janeiro a junho de 2007. Os quatro locais de amostragem foram considerados para o nosso estudo como S1, S2, S3 e S4, superior, médio, área de maior atividade humana e ponto de saída, respetivamente. O resumo dos resultados da análise da água da cascata de Hundru é apresentado nos quadros 4.1 a 4.3.

4.1. CARACTERIZAÇÃO DA ÁGUA DA QUEDA DE HUNDRU

Os valores dos parâmetros físico-químicos e biológicos que caracterizam a qualidade da água da Queda de Hundru são apresentados na Tabela No. 4.1 a Tabela No. 4.3. Estes valores representam a qualidade da água ao longo do período de estudo.

Tabela 4.1: Resumo dos resultados da monitorização da qualidade da água da queda de Hundru durante janeiro-março de 2007

PARAMETER													
MONTH		JANUARY				FEBRUARY				MARCH			
SAMPLING LOCATION		S1	S2	S3	S4	S1	S2	S3	S4	S1	S2	S3	S4
1	Temperature (°C)	18.20	17.60	17.20	17.80	21.10	20.60	21.00	19.70	24.20	23.60	24.00	23.80
2	pH	7.12	7.34	7.80	7.30	7.60	7.21	7.50	7.40	6.90	7.23	7.10	6.82
3	Conductivity (µS/cm)	262.00	277.00	302.00	282.00	263.00	271.00	266.00	271.00	312.00	289.00	276.00	292.00
4	TDS (mg/L)	129.00	135.00	141.00	136.00	126.00	132.00	124.00	126.00	142.00	136.00	128.00	137.00
5	TSS (mg/L)	67.00	86.00	78.00	76.00	74.00	81.00	78.00	75.00	77.00	91.00	86.00	78.00
6	T S (mg/L)	196.00	221.00	219.00	212.00	200.00	223.00	202.00	201.00	219.00	227.00	214.00	215.00
7	Turbidity (NTU)	18.60	22.40	20.30	20.80	20.10	23.30	22.40	21.80	22.60	27.20	24.50	23.60
8	Total hardness (mg/L)	43.00	47.00	51.00	48.00	39.00	41.00	40.00	43.00	52.00	51.00	49.00	48.00
9	Ca-Hardness (mg/L)	31.00	33.00	35.00	35.00	28.00	30.00	29.00	30.00	37.00	35.00	34.00	35.00
10	Mg-Hardness (mg/L)	12.00	14.00	16.00	13.00	11.00	11.00	11.00	13.00	15.00	16.00	15.00	13.00
11	Alkalinity (P)	NIL	NIL	NIL	NIL	NIL	NIL	NIL	NIL	NIL	NIL	NIL	NIL
12	Alkalinity (MO) (mg/L)	55.00	61.00	63.00	61.00	53.00	56.00	52.00	59.00	49.00	53.00	51.00	56.00
13	Chloride (mg/L)	15.60	17.00	18.50	17.00	15.60	15.60	14.20	17.00	14.20	14.20	12.80	15.60
14	Nitrate+ Nitrite (mg/L)	4.60	4.30	4.30	4.40	3.90	3.90	3.80	3.70	3.60	3.40	3.30	3.40
15	Sulphate (mg/L)	13.20	13.40	13.40	13.60	15.10	14.80	15.20	15.00	14.50	14.60	14.50	14.80
16	Arsenic (mg/L)	<0.01	<0.01	<0.01	<0.01	<0.01	<0.01	<0.01	<0.01	<0.025	<0.025	<0.025	<0.025
17	Calcium (mg/L)	12.40	13.20	14.00	14.00	11.20	12.00	11.60	12.00	14.80	14.00	13.60	14.00
18	Chromium (mg/L)	BDL	BDL	BDL	BDL	BDL	BDL	BDL	BDL	0.02	0.03	0.02	0.03
19	Iron (mg/L)	1.74	1.63	1.75	1.59	1.31	1.15	1.27	1.21	1.94	2.05	2.12	1.97
20	Zinc (mg/L)	BDL	BDL	BDL	BDL	BDL	BDL	BDL	BDL	0.06	0.05	0.05	0.06
21	Manganese (mg/L)	0.03	0.02	0.02	BDL	BDL	BDL	0.02	0.02	0.02	0.02	0.02	0.02
22	Magnesium (mg/L)	2.93	3.42	3.90	3.17	2.68	2.68	2.68	3.17	3.66	3.90	3.66	3.17
23	Fluoride (mg/L)	0.58	0.63	0.72	0.69	0.67	0.72	0.70	0.71	0.71	0.75	0.78	0.73
24	COD (mg/L)	12.40	16.80	15.60	16.20	8.00	20.40	19.60	18.50	23.20	28.40	26.90	27.20
25	DO (mg/L)	7.90	8.30	8.00	7.80	8.60	9.20	8.30	8.10	8.20	8.50	7.90	7.80
26	BOD (mg/L)	2.30	5.90	6.20	6.50	3.80	5.20	5.60	5.90	5.60	6.40	6.40	6.30
27	Total coliform (in CFU)	-	-	860	-	-	-	980	-	-	-	730	-

Quadro 4.2: Resumo dos resultados da monitorização da qualidade da água da queda de Hundru durante abril-junho de 2007

PARAMETER													
MONTH		APRIL				MAY				JUNE			
SAMPLING LOCATION		S1	S2	S3	S4	S1	S2	S3	S4	S1	S2	S3	S4
1	Temperature (ºC)	27.60	26.90	27.10	27.80	28.90	29.30	29.10	29.60	26.20	25.60	25.30	24.80
2	pH	7.70	7.60	7.60	7.50	7.40	7.50	7.30	7.40	7.00	7.20	7.10	7.10
3	Conductivity (µS/cm)	283.00	295.00	302.00	288.00	321.00	312.00	352.00	316.00	254.00	248.00	262.00	271.00
4	TDS (mg/L)	136.00	142.00	146.00	139.00	156.00	142.00	164.00	152.00	121.00	116.00	128.00	131.00
5	TSS (mg/L)	74.00	81.00	76.00	80.00	92.00	102.00	113.00	109.00	103.00	97.00	89.00	103.00
6	T S (mg/L)	210.00	223.00	222.00	219.00	248.00	244.00	277.00	261.00	224.00	213.00	217.00	234.00
7	Turbidity (NTU)	21.80	24.60	22.30	23.20	29.60	34.00	36.60	35.40	33.20	31.40	30.50	34.20
8	Total hardness (mg/L)	47.00	51.00	55.00	52.00	62.00	57.00	63.00	59.00	37.00	35.00	40.00	41.00
9	Ca-Hardness (mg/L)	35.00	38.00	40.00	41.00	50.00	46.00	49.00	46.00	28.00	24.00	30.00	30.00
10	Mg-Hardness (mg/L)	12.00	13.00	15.00	11.00	12.00	11.00	14.00	13.00	9.00	11.00	10.00	11.00
11	Alkalinity (P)	NIL	NIL	NIL	NIL	NIL	NIL	NIL	NIL	NIL	NIL	NIL	NIL
12	Alkalinity (MO) (mg/L)	59.00	63.00	62.00	61.00	70.00	65.00	72.00	67.00	49.00	46.00	53.00	55.00
13	Chloride (mg/L)	18.46	19.88	18.46	17.04	21.30	19.88	22.72	19.88	12.78	12.78	14.20	15.62
14	Nitrate+ Nitrite (mg/L)	4.60	4.50	4.60	4.70	7.20	6.90	6.80	7.00	3.60	3.80	3.70	3.70
15	Sulphate (mg/L)	16.10	15.90	16.20	16.40	17.80	18.10	17.90	18.40	8.60	9.20	9.10	9.40
16	Arsenic (mg/L)	<0.025	<0.025	<0.025	<0.025	<0.025	<0.025	<0.025	<0.025	<0.01	<0.01	<0.01	<0.01
17	Calcium (mg/L)	14.00	15.20	16.00	16.40	20.00	18.40	19.60	18.40	11.20	9.60	12.00	12.00
18	Chromium (mg/L)	0.02	0.02	0.02	0.02	0.02	0.02	0.02	0.03	BDL	BDL	BDL	BDL
19	Iron (mg/L)	1.23	1.36	1.37	1.44	1.52	1.56	1.49	1.58	1.12	1.21	1.30	1.28
20	Zinc (mg/L)	0.03	0.04	0.04	0.04	0.05	0.05	0.04	0.05	BDL	BDL	BDL	BDL
21	Manganese (mg/L)	0.06	0.06	0.05	0.05	0.13	0.08	0.08	0.07	BDL	BDL	BDL	BDL
22	Magnesium (mg/L)	2.93	3.17	3.66	2.68	2.93	2.68	3.42	3.17	2.20	2.68	2.44	2.68
23	Fluoride (mg/L)	0.87	0.92	0.95	0.89	1.18	1.06	0.98	1.11	0.47	0.58	0.49	0.60
24	COD (mg/L)	16.20	21.30	19.60	18.40	15.40	43.20	40.20	38.00	22.60	48.10	43.20	42.60
25	DO (mg/L)	8.10	8.40	7.90	7.80	6.60	7.20	6.90	6.80	7.00	7.30	6.80	6.60
26	BOD (mg/L)	3.80	4.60	4.30	4.70	3.90	16.60	14.20	15.30	6.50	24.90	21.20	19.30
27	Total coliform (in CFU)	-	-	860	-	-	-	1700	-	-	-	790	-

Tabela 4.3: Resumo dos resultados da monitorização da qualidade da água (média, desvio padrão e valores mínimo e máximo) da queda de Hundru durante janeiro-junho de 2007

	MONTH	JANUARY		FEBRUARY		MARCH		APRIL		MAY		JUNE		DURING JAN -JUN	
	PARAMETERS	MEAN	STD. DEV.	MEAN	STD. DEV.	MEAN	STD. DEV.	MEAN	STD. DEV.	MEAN	STD. DEV.	MEAN	STD. DEV.	MIN	MAX
1	Temperature (^{o}C)	17.7	0.42	20.6	0.64	23.90	0.26	27.35	0.42	29.23	0.30	25.48	0.59	17.20	32.40
*2	pH	7.39	0.29	7.43	0.17	7.01	0.19	7.60	0.08	7.40	0.08	7.10	0.08	6.82	7.80
3	Conductivity (µS/cm)	280.75	16.52	267.75	3.95	292.25	14.89	292.00	8.29	325.25	18.21	258.75	9.98	248.00	352.00
4	TDS (mg/L)	135.25	4.92	127	3.46	135.75	5.80	140.75	4.27	153.50	9.15	124.00	6.78	116.00	164.00
5	TSS (mg/L)	76.75	7.8	77	3.16	83.00	6.68	77.75	3.30	104.00	9.20	98.00	6.63	67.00	113.00
6	T S (mg/L)	212	11.34	206.5	11.03	218.75	5.91	218.50	5.92	257.50	14.89	222.00	9.20	196.00	277.00
7	Turbidity (NTU)	20.52	1.56	21.9	1.35	24.48	1.98	22.98	1.23	33.90	3.06	32.33	1.68	18.60	36.60
8	Total hardness (mg/L)	47.25	3.3	40.75	1.71	50.00	1.83	51.25	3.30	60.25	2.75	38.25	2.75	35.00	63.00
9	Ca-Hardness (mg/L)	33.5	1.91	29.25	0.96	35.25	1.26	38.50	2.65	47.75	2.06	28.00	2.83	24.00	50.00
10	Mg-Hardness (mg/L)	13.75	1.7	11.5	1.00	14.75	1.26	12.75	1.71	12.50	1.29	10.25	0.96	9.00	16.00
11	Alkalinity (P)	NIL	NIL	NIL	NIL	NIL	NIL	NIL	NIL	NIL	NIL	NIL	NIL	0.00	0.00
12	Alkalinity (MO) (mg/L)	60	3.46	55	3.16	52.25	2.99	61.25	1.71	68.50	3.11	50.75	4.03	46.00	72.00
13	Chloride (mg/L)	17.03	1.18	15.6	1.14	14.20	1.14	18.46	1.16	20.95	1.36	13.85	1.36	12.78	22.72
14	Nitrate+ Nitrite (mg/L)	4.4	0.14	3.83	0.10	3.43	0.13	4.60	0.08	6.98	0.17	3.70	0.08	3.30	7.20
15	Sulphate (mg/L)	13.4	0.16	15.03	0.17	14.60	0.14	16.15	0.21	18.05	0.26	9.08	0.34	8.60	18.40
16	Arsenic (mg/L)	<0.01		<0.01		<0.025		<0.025		<0.025		<0.01		0.00	0.00
17	Calcium (mg/L)	13.4	0.77	11.7	0.38	14.10	0.50	15.40	1.06	19.10	0.82	11.20	1.13	9.60	20.00
18	Chromium (mg/L)	BDL		BDL		0.02	0.00	0.02	0.00	0.02	0.00	BDL		0.02	0.03
19	Iron (mg/L)	1.68	0.08	1.24	0.07	2.02	0.08	1.35	0.09	1.54	0.04	1.23	0.08	1.12	2.12
20	Zinc (mg/L)	BDL		BDL		0.05	0.01	0.04	0.01	0.05	0.00	BDL		0.03	0.06
21	Manganese (mg/L)	0.02		0.02		0.02		0.06	0.01	0.09	0.03	BDL		0.02	0.13
22	Magnesium (mg/L)	3.36	0.42	2.8	0.24	3.60	0.31	3.11	0.42	3.05	0.32	2.50	0.23	2.20	3.90
23	Fluoride (mg/L)	0.66	0.06	0.70	0.02	0.74	0.03	0.91	0.03	1.08	0.08	0.54	0.06	0.47	1.18
24	COD (mg/L)	15.25	1.96	16.63	5.80	26.43	2.25	18.88	2.14	34.20	12.71	39.13	11.29	8.00	48.10
25	DO (mg/L)	8	0.22	8.55	0.48	8.10	0.32	8.05	0.26	6.88	0.25	6.93	0.30	6.60	9.20
26	BOD (mg/L)	5.23	1.97	5.13	0.93	6.18	0.39	4.35	0.40	12.50	5.82	17.98	8.00	2.30	24.90

BDL - LIMITE INFERIOR DE DETECÇÃO (ou seja, <0,01 mg/L)

4.1.1 VARIAÇÃO ESPACIAL E TEMPORAL DA TEMPERATURA DA ÁGUA:

A mudança de temperatura do valor mais alto 29,6 °C em maio em S4 para o mais baixo 17,2 °C em janeiro em S3. As temperaturas reflectiram o padrão sazonal.

QUADRO 4.4: Variação da temperatura da água em °C

	S1	S2	S3	S4
JAN	18.20	17.60	17.20	17.80
FEB	21.10	20.60	21.00	19.70
MAR	24.20	23.60	24.00	23.80
APR	27.60	26.90	27.10	27.80
MAIO	28.90	29.30	29.10	29.60
JUN	26.20	25.60	25.30	24.80

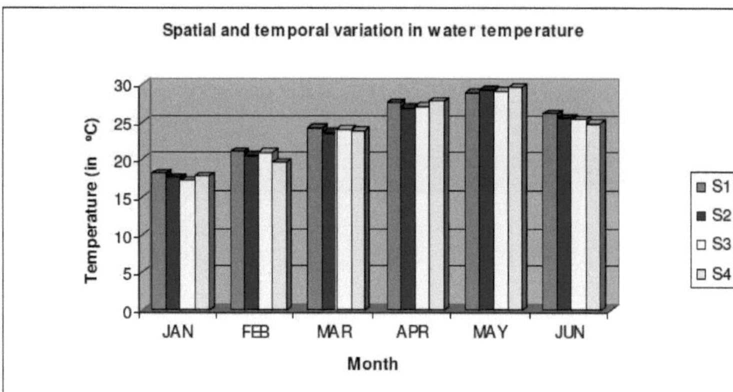

FIGURA 4.1 : Variação da temperatura da água em °C

4.1.2 VARIAÇÃO ESPACIAL E TEMPORAL DO pH:

A alteração do pH do valor mais alto 7,80 em janeiro em S3 para o valor mais baixo 6,82 em março em S4, está em conformidade com a variação espacial e temporal, de acordo com as diretrizes da norma indiana (IS-10500-1992) o limite do valor de pH é 6,5-8,5.

TABELA 4.5: Variação do valor do pH

	S1	S2	S3	S4
JAN	7.12	7.34	7.80	7.30
FEB	7.60	7.21	7.50	7.40
MAR	6.90	7.23	7.10	6.82
APR	7.70	7.60	7.60	7.50
MAIO	7.40	7.50	7.30	7.40
JUN	7.00	7.20	7.10	7.10

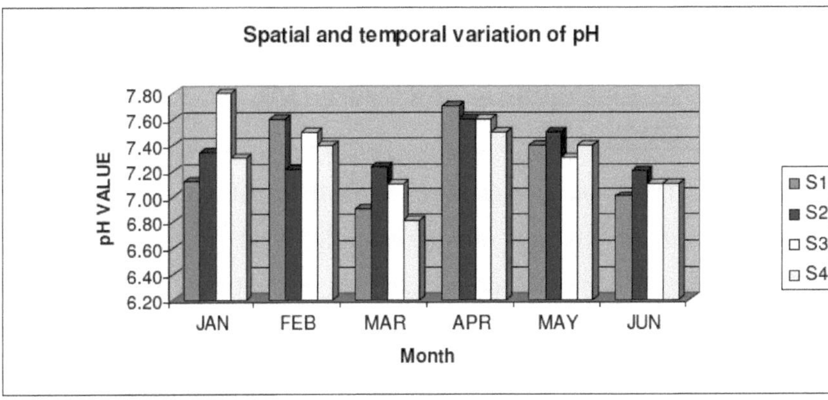

FIGURA 4.2: Variação do valor do pH

4.1.3 VARIAÇÃO ESPACIAL E TEMPORAL DA CONDUTIVIDADE:

A variação da Condutividade do valor mais elevado de 352 µS/cm em maio em S3 para o mais baixo de 248 µS/cm em junho em S2.

TABELA 4.6: Variação da condutividade (em µS/cm)

	S1	S2	S3	S4
JAN	262	277	302	282
FEB	263	271	266	271
MAR	312	289	276	292
APR	283	295	302	288
MAIO	321	312	352	316
JUN	254	248	262	271

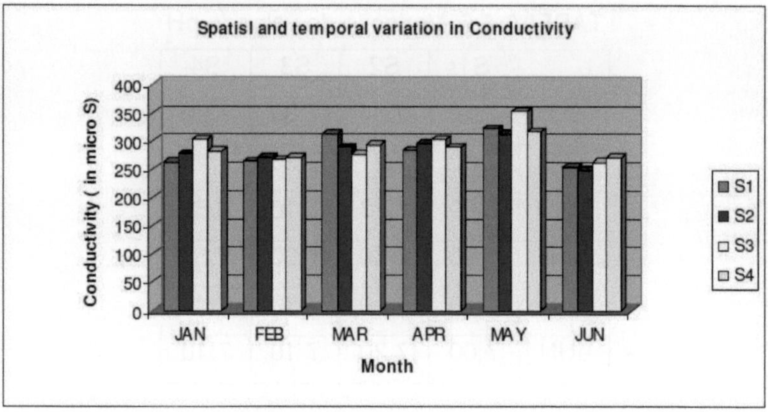

FIGURA 4.3: Variação da condutividade (em µS/cm)

4.1.4 VARIAÇÃO ESPACIAL E TEMPORAL DO TOTAL DE SÓLIDOS DISSOLVIDOS (TDS):

A alteração de TDS do valor mais elevado de 164 mg/L em maio em S3 para o valor mais baixo de 116 mg/L em junho em S2, está em conformidade com a variação espacial e temporal, de acordo com as diretrizes da norma indiana (IS-10500-1992) de TDS é de 500 mg/L (máx.).

TABELA 4.7: Variação de TDS (em mg/L)

	S1	S2	S3	S4
JAN	129	135	141	136
FEB	126	132	124	126
MAR	142	136	128	137
APR	136	142	146	139
MAIO	156	142	164	152
JUN	121	116	128	131

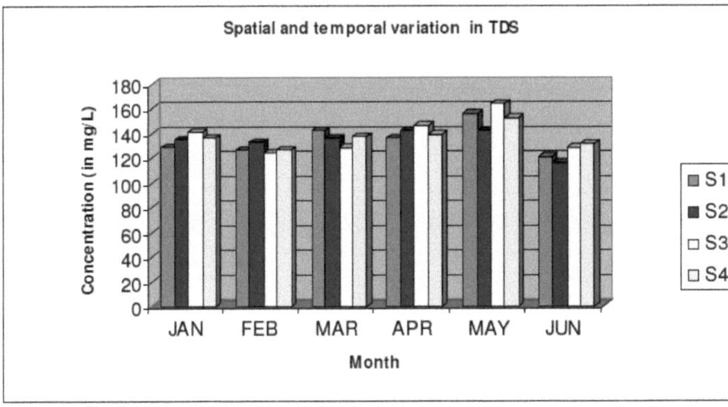

FIGURA 4.4: Variação de TDS (em mg/L)

4.1.5 VARIAÇÃO ESPACIAL E TEMPORAL DOS SÓLIDOS TOTAIS (TS):

A variação dos sólidos totais do valor mais elevado de 277 mg/L em maio no S3 para o valor mais baixo de 196 mg/L em janeiro no S1.

4.1.6 VARIAÇÃO ESPACIAL E TEMPORAL DO TOTAL DE SÓLIDOS EM SUSPENSÃO (TSS):

A variação do total de sólidos suspensos do valor mais elevado de 113 mg/L em maio no S3 para o valor mais baixo de 67 mg/L em janeiro no S1.

4.1.7 VARIAÇÃO ESPACIAL E TEMPORAL DA TURBIDEZ:

A alteração da Turbidez do valor mais alto 36,60 NTU em maio em S3 para o mais baixo 20,52 NTU em janeiro em S1, a Turbidez em todos os locais de amostragem, bem como no mês, não cumpriu as diretrizes IS-10500-1992 para a água potável, que é fixada em 10 NTU.

QUADRO 4.8: Variação da turvação (em NTU)

	S1	S2	S3	S4
JAN	18.60	22.40	20.30	20.80
FEB	20.10	23.30	22.40	21.80
MAR	22.60	27.20	24.50	23.60
APR	21.80	24.60	22.30	23.20
MAIO	29.60	34.00	36.60	35.40

JUN	33.20	31.40	30.50	34.20

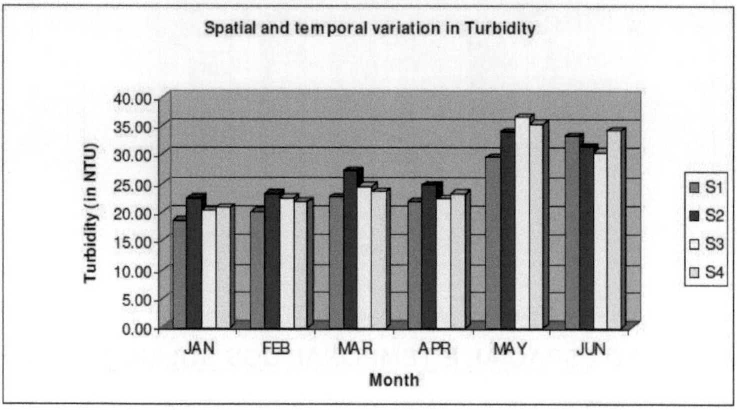

FIGURA 4.5: Variação da Turbidez (em NTU)

<u>4.1.8</u> <u>VARIAÇÃO ESPACIAL E TEMPORAL DA DUREZA TOTAL:</u>

A alteração da dureza total como $CaCO_3$ do valor mais elevado de 63 mg/L em maio em S3 para o valor mais baixo de 35,00 mg/L em junho em S2, está em conformidade com a variação espacial e temporal, de acordo com as diretrizes da norma indiana (IS-10500-1992) de uma dureza total de 300 mg/L (máx.).

QUADRO 4.9: Variação da dureza total (em mg/L)

	S1	S2	S3	S4
JAN	43.00	47.00	51.00	48.00
FEB	39.00	41.00	40.00	43.00
MAR	52.00	51.00	49.00	48.00
APR	47.00	51.00	55.00	52.00
MAIO	62.00	57.00	63.00	59.00
JUN	37.00	35.00	40.00	41.00

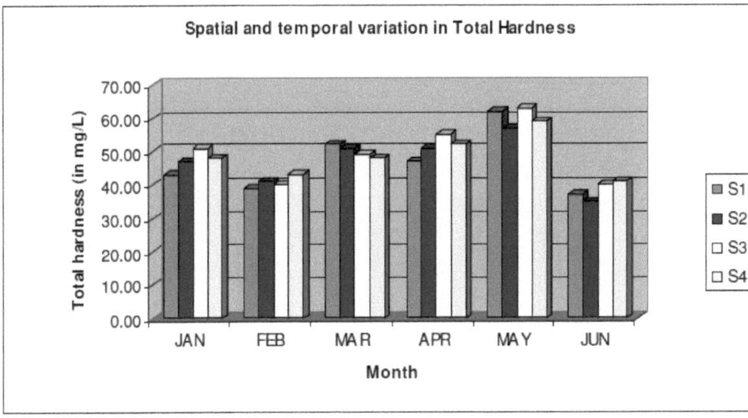

FIGURA 4.6: Variação da Dureza Total (em mg/L)

4.1.9 VARIAÇÃO ESPACIAL E TEMPORAL DA DUREZA DE Ca e Mg-:

A variação da dureza Ca e Mg segue as mesmas tendências que a dureza total. (Tabela 4.1 e 4.2)

4.1.10 VARIAÇÃO ESPACIAL E TEMPORAL DA ALCALINIDADE:

Como a alcalinidade da fenoleftaleína é zero (p=0), a alcalinidade total deve-se apenas ao bicarbonato. A alteração da alcalinidade total como $CaCO_3$ do valor mais elevado de 72,00 mg/L em maio em S3 para o mais baixo de 46,00 mg/L em junho em S2, está em conformidade com a variação espacial e temporal, de acordo com as diretrizes da norma indiana (IS-10500-1992) de uma alcalinidade total de 200 mg/L (máx.).

TABELA 4.10: Variação da alcalinidade total (em mg/L)

	S1	S2	S3	S4
JAN	55.00	61.00	63.00	61.00
FEB	53.00	56.00	52.00	59.00
MAR	49.00	53.00	51.00	56.00
APR	59.00	63.00	62.00	61.00
MAIO	70.00	65.00	72.00	67.00

JUN	49.00	46.00	53.00	55.00

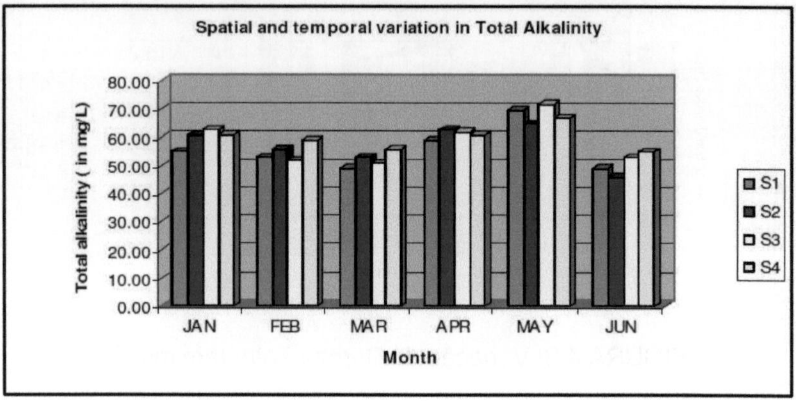

FIGURA 4.7: Variação da alcalinidade total (em mg/L)

4.1.10 VARIAÇÃO ESPACIAL E TEMPORAL DO CLORETO:

A alteração da concentração de cloreto do valor mais elevado de 22,72 mg/L em maio, em S3, para o valor mais baixo de 12,78 mg/L em junho, em S1, está em conformidade com a variação espacial e temporal, de acordo com as diretrizes da norma indiana (IS-10500-1992) relativas à concentração de cloreto, que é de 250 mg/L (máx.).

TABELA 4.11: Variação do cloreto (em mg/L)

	S1	S2	S3	S4
JAN	15.60	17.00	18.50	17.00
FEB	15.60	15.60	14.20	17.00
MAR	14.20	14.20	12.80	15.60
APR	18.46	19.88	18.46	17.04
MAIO	21.30	19.88	22.72	19.88
JUN	12.78	12.78	14.20	15.62

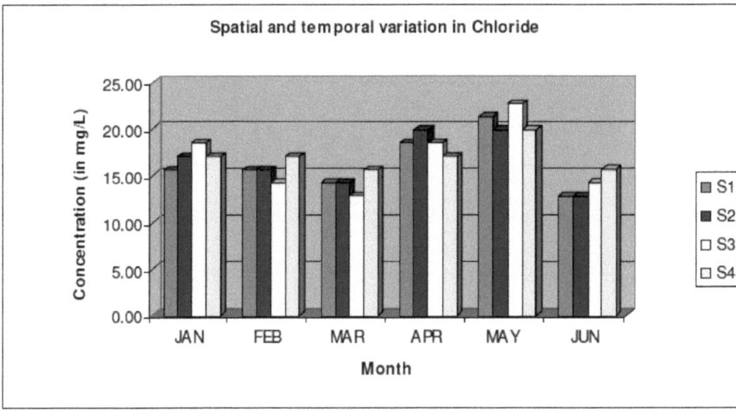

FIGURA 4.8: Variação do cloreto (em mg/L)

4.1.11 VARIAÇÃO ESPACIAL E TEMPORAL DO NITRATO + NITRITO:

A alteração da concentração de Nitrato+Nitrito do valor mais alto 7,20 em maio em S1 para o mais baixo 3,30 em março em S3, está em conformidade com a variação espacial e temporal, de acordo com as diretrizes da norma indiana (IS-10500-1992) de uma concentração de Nitrato de 45 mg/L (máx.).

QUADRO 4.12: Variação de nitrato + nitrito (em mg/L)

	S1	**S2**	**S3**	**S4**
JAN	4.60	4.30	4.30	4.40
FEB	3.90	3.90	3.80	3.70
MAR	3.60	3.40	3.30	3.40
APR	4.60	4.50	4.60	4.70
MAIO	7.20	6.90	6.80	7.00
JUN	3.60	3.80	3.70	3.70

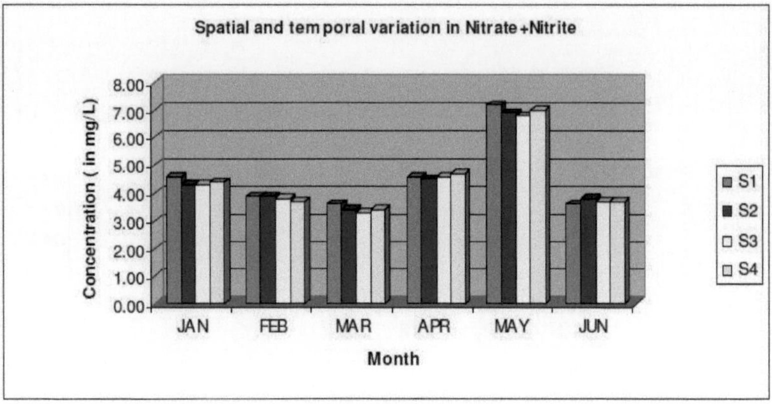

FIGURA 4.9: Variação de Nitrato + Nitrito (em mg/L)

4.1.12 VARIAÇÃO ESPACIAL E TEMPORAL DO SULFATO:

A alteração da concentração de sulfato do valor mais elevado de 18,40 mg/L em maio em S4 para o valor mais baixo de 8,60 mg/L em junho em S1, está em conformidade com a variação espacial e temporal, de acordo com as diretrizes da norma indiana (IS-10500-1992) de concentração de sulfato de 45 mg/L (máx.).

TABELA 4.13: Variação de sulfato (em mg/L)

	S1	S2	S3	S4
JAN	13.20	13.40	13.40	13.60
FEB	15.10	14.80	15.20	15.00
MAR	14.50	14.60	14.50	14.80
APR	16.10	15.90	16.20	16.40
MAIO	17.80	18.10	17.90	18.40
JUN	8.60	9.20	9.10	9.40

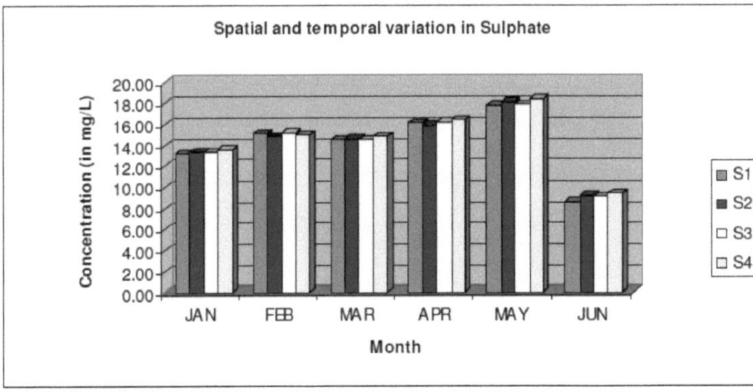

FIGURA 4.10: Variação de sulfato (em mg/L)

4.1.13 VARIAÇÃO ESPACIAL E TEMPORAL DO ARSÉNIO:

A variação da concentração de arsénio varia entre 0,01 e 0,025 durante o período de janeiro a junho de 2007 em todos os locais de amostragem. De acordo com as diretrizes da norma indiana (IS-10500-1992), o limite máximo de concentração de arsénio é de 0,05 mg/L, devendo ser respeitado tanto na variação espacial como temporal.

4.1.14 VARIAÇÃO ESPACIAL E TEMPORAL DO CÁLCIO:

A alteração da concentração de cálcio do valor mais elevado, 20 mg/L, em maio, em S1, para o valor mais baixo, 9,60 mg/L, em junho, em S2, está em conformidade com a variação espacial e temporal, de acordo com as diretrizes da norma indiana (IS-10500-1992) relativas à concentração de cálcio a é de 75 mg/L (máx.).

TABELA 4.14: Variação do cálcio (em mg/L)

	S1	S2	S3	S4
JAN	12.40	13.20	14.00	14.00
FEB	11.20	12.00	11.60	12.00
MAR	14.80	14.00	13.60	14.00
APR	14.00	15.20	16.00	16.40
MAIO	20.00	18.40	19.60	18.40

JUN	11.20	9.60	12.00	12.00

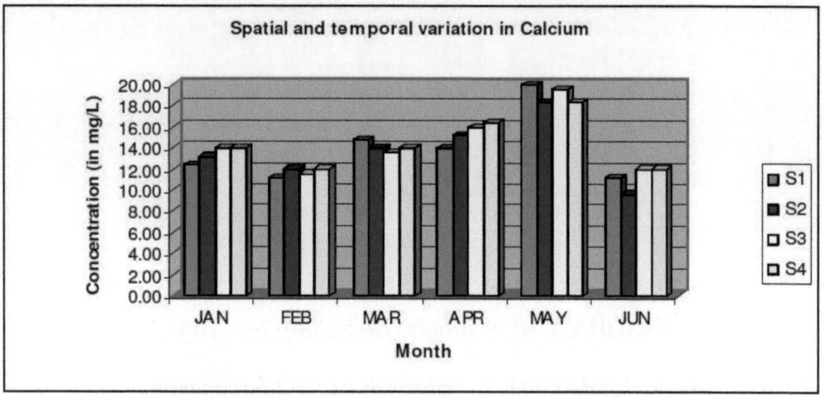

FIGURA 4.11: Variação do cálcio (em mg/L)

4.1.15 VARIAÇÃO ESPACIAL E TEMPORAL DO CRÓMIO:

A alteração na concentração de crómio varia de BDL (<0,01) a um máximo de 0,03 em maio em S4 durante janeiro a junho de 2007 em todos os locais de amostragem. De acordo com a norma indiana (IS-10500-1992), a concentração de crómio é de 0,05 mg/L (máx.), e deve ser satisfeita tanto na variação espacial como temporal (Quadro 4.1 a 4.3).

4.1.16 VARIAÇÃO ESPACIAL E TEMPORAL DO FERRO:

A alteração da concentração de ferro do valor mais alto 2,12 mg/L em março em S3 para o mais baixo 1,12 mg/L em junho em S1. As concentrações de ferro foram superiores ao limite admissível de 0,03, de acordo com a norma indiana (IS-10500-1992), em todos os locais de amostragem durante todo o período de estudo.

QUADRO 4.15: Variação do ferro (em mg/L)

	S1	S2	S3	S4
JAN	1.74	1.63	1.75	1.59
FEB	1.31	1.15	1.27	1.21
MAR	1.94	2.05	2.12	1.97

APR	1.23	1.36	1.37	1.44
MAIO	1.52	1.56	1.49	1.58
JUN	1.12	1.21	1.30	1.28

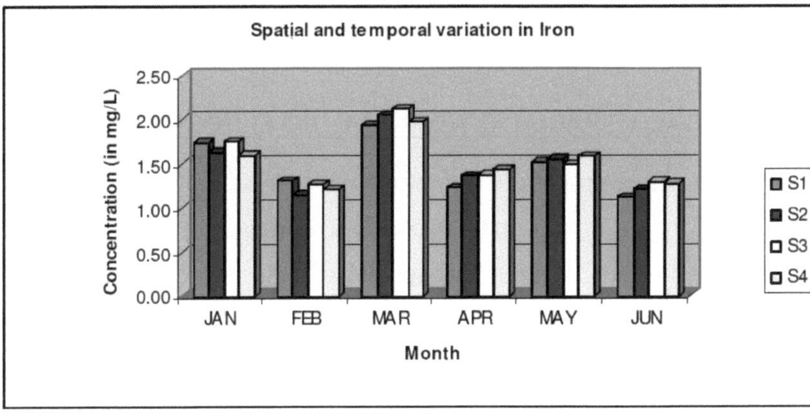

FIGURA 4.12: Variação do ferro (em mg/L)

4.1.17 VARIAÇÃO ESPACIAL E TEMPORAL DO ZINCO:

A mudança na concentração de zinco varia de BDL (<0,01) para um máximo de 0,06 em março em S1 durante janeiro a junho de 2007 em todos os locais de amostragem, em conformidade com a variação espacial e temporal, de acordo com as diretrizes da norma indiana (IS-10500-1992) de uma concentração de zinco de 5 mg/L (máx.). (Quadro 4.1 a 4.3).

4.1.18 VARIAÇÃO ESPACIAL E TEMPORAL DO MANGANÊS:

A alteração na concentração de manganês varia de BDL (<0,01) a um máximo de 0,13 em maio em S1 durante janeiro a junho de 2007 em todos os locais de amostragem, em conformidade com a variação espacial e temporal, de acordo com as diretrizes da norma indiana (IS- 10500-1992), a concentração de manganês é de 0,1 mg/L (máx.), exceto no mês de maio em S1 (Quadro 4.1 a 4.3).

4.1.19 VARIAÇÃO ESPACIAL E TEMPORAL DO MAGNÉSIO:

A alteração da concentração de magnésio do valor mais elevado de 3,90 mg/L em janeiro em S3 para o valor mais baixo de 2,20 mg/L em junho em S1, está em conformidade com a variação espacial e temporal, de acordo com as diretrizes da norma indiana (IS-10500-1992) de concentração de magnésio de 30 mg/L (máx.) (Quadro 4.1 a 4.3).

4.1.20 VARIAÇÃO ESPACIAL E TEMPORAL DO FLUORETO:

A alteração da concentração de fluoreto do valor mais elevado de 1,18 mg/L em maio em S1 para o valor mais baixo de 0,47 mg/L em junho em S1 está em conformidade com a variação espacial e temporal, de acordo com as diretrizes da norma indiana (IS-10500-1992), a concentração de fluoreto é de 1,0 mg/L (máx.), exceto no mês de maio, em que o seu valor é um pouco mais elevado (valor médio para maio - 1,08 mg/L) do que o limite permitido de 1,0 mg/L.

QUADRO 4.16: Variação de fluoreto (em mg/L)

	S1	S2	S3	S4
JAN	0.58	0.63	0.72	0.69
FEB	0.67	0.72	0.70	0.71
MAR	0.71	0.75	0.78	0.73
APR	0.87	0.92	0.95	0.89
MAIO	1.18	1.06	0.98	1.11
JUN	0.47	0.58	0.49	0.60

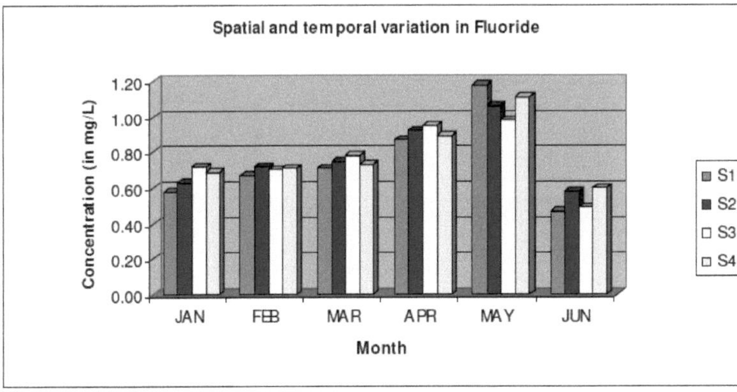

FIGURA 4.13: Variação de fluoreto (em mg/L)

4.1.21 VARIAÇÃO ESPACIAL E TEMPORAL DA PROCURA QUÍMICA DE OXIGÉNIO (BACALHAU):

A alteração da concentração de CQO do valor mais alto 48,10 mg/L em junho em S2 para o valor mais baixo 8,00 mg/L em fevereiro em S1.

TABELA 4.17: Variação da CQO (em mg/L)

	S1	S2	S3	S4
JAN	12.40	16.80	15.60	16.20
FEB	8.00	20.40	19.60	18.50
MAR	23.20	28.40	26.90	27.20
APR	16.20	21.30	19.60	18.40
MAIO	15.40	43.20	40.20	38.00
JUN	22.60	48.10	43.20	42.60

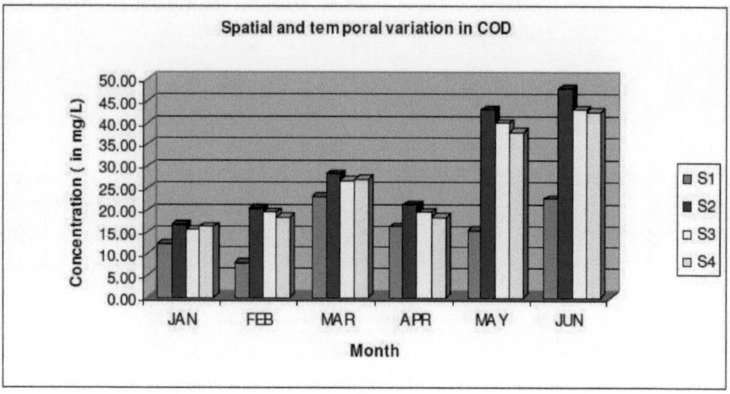

FIGURA 4.14: Variação da CQO (em mg/L)

4.1.22 VARIAÇÃO ESPACIAL E TEMPORAL DO OXIGÉNIO DISSOLVIDO (DO):

A alteração da concentração de DO do valor mais elevado de 9,20 em fevereiro em S2 para o valor mais baixo de 6,60 mg/L em junho em S4. De acordo com o melhor uso designado pela CPCB, para a fonte de água potável sem tratamento convencional, mas após a desinfeção, o valor de DO exigido é de 6,0 ou mais, a ser satisfeito tanto na variação espacial como temporal.

TABELA 4.18: Variação do DO (em mg/L)

	S1	S2	S3	S4
JAN	7.90	8.30	8.00	7.80
FEB	8.60	9.20	8.30	8.10
MAR	8.20	8.50	7.90	7.80
APR	8.10	8.40	7.90	7.80
MAIO	6.60	7.20	6.90	6.80
JUN	7.00	7.30	6.80	6.60

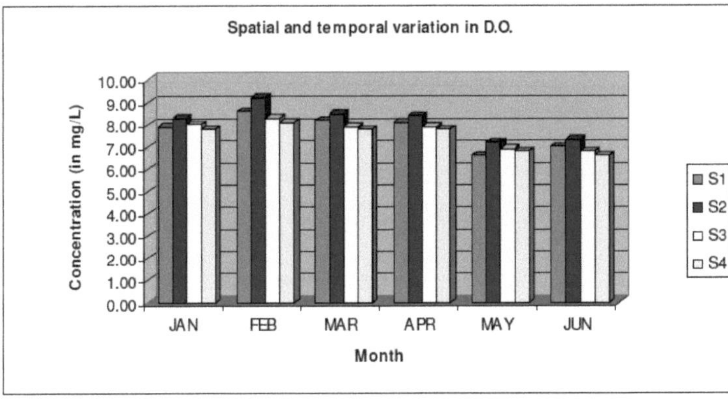

FIGURA 4.15: Variação do DO (em mg/L)

4.1.23 VARIAÇÃO ESPACIAL E TEMPORAL DA CARÊNCIA BIOQUÍMICA DE OXIGÉNIO (BOD):

A alteração da concentração de CBO do valor mais alto 24,90 mg/L em junho em S2 para o mais baixo 2,30 mg/L em janeiro em S1. As concentrações de CBO foram superiores ao limite admissível de 3,0 de acordo com a norma indiana (IS-10500-1992), exceto em janeiro em S1, em todos os locais de amostragem durante todo o período de estudo.

QUADRO 4.19: Variação da CBO (em mg/L)

	S1	S2	S3	S4
JAN	2.30	5.90	6.20	6.50
FEB	3.80	5.20	5.60	5.90
MAR	5.60	6.40	6.40	6.30
APR	3.80	4.60	4.30	4.70
MAIO	3.90	16.60	14.20	15.30
JUN	6.50	24.90	21.20	19.30

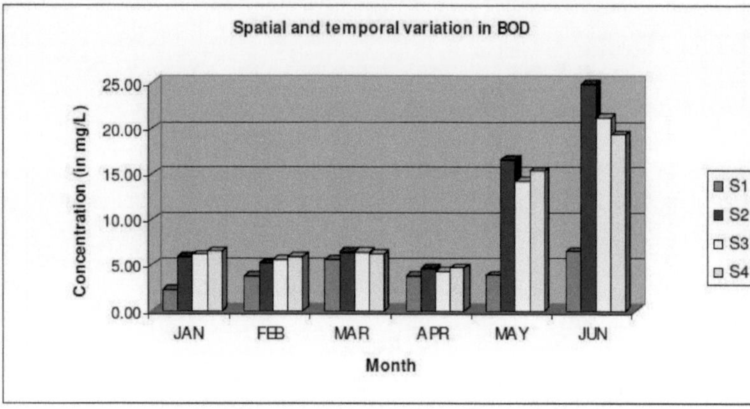

FIGURA 4.16: Variação da CBO (em mg/L)

4.1.23a CURVAS DE CBO DE VARIAÇÃO ESPACIAL E TEMPORAL :(Por BODTrak Instrument, Marca: HACH, EUA)

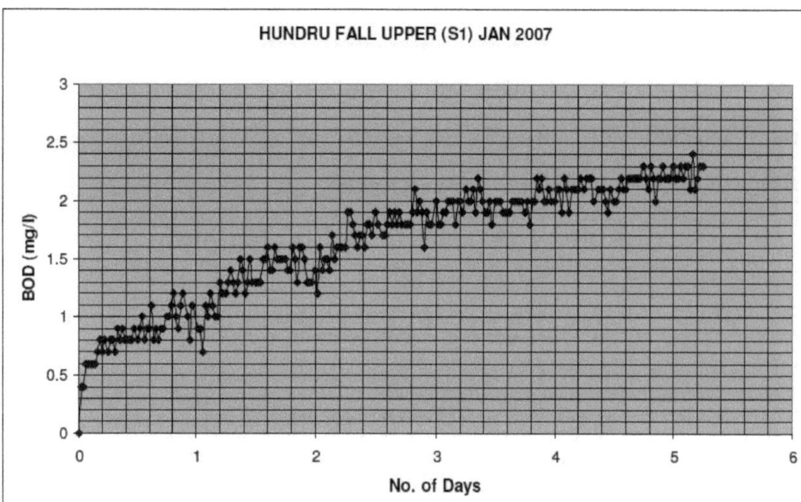

FIGURA 4.17 Curva de CBO da amostra de água recolhida em S1 em janeiro de 2007

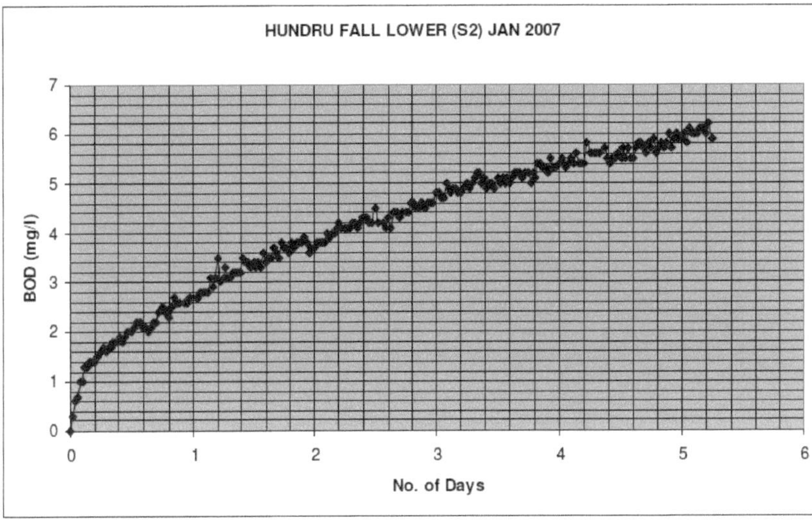

FIGURA 4.18 Curva de CBO da amostra de água recolhida em S2 em janeiro de 2007

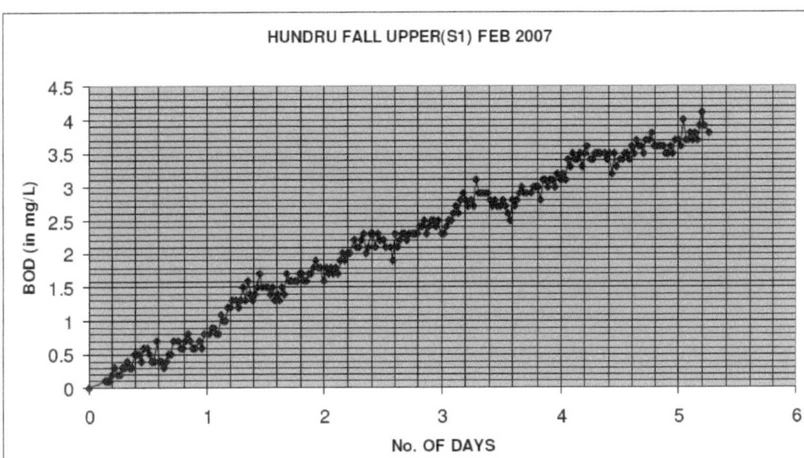

FIGURA 4.19 Curva de CBO da amostra de água recolhida em S1 em fevereiro de 2007

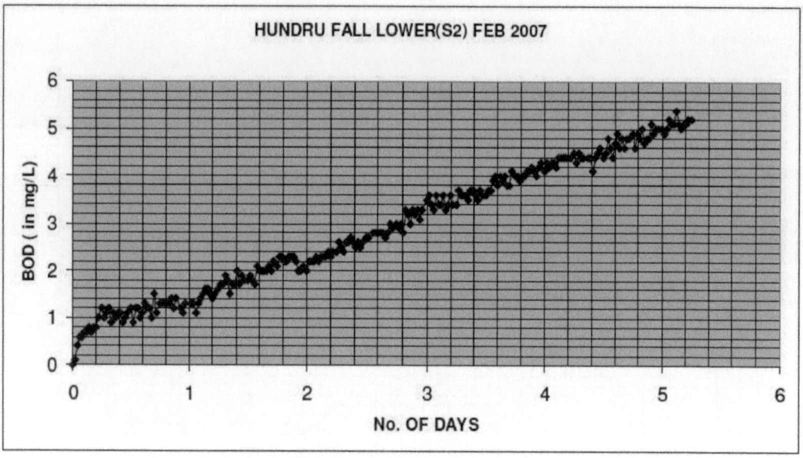

FIGURA 4.20 Curva de CBO da amostra de água recolhida em S2 em fevereiro de 2007

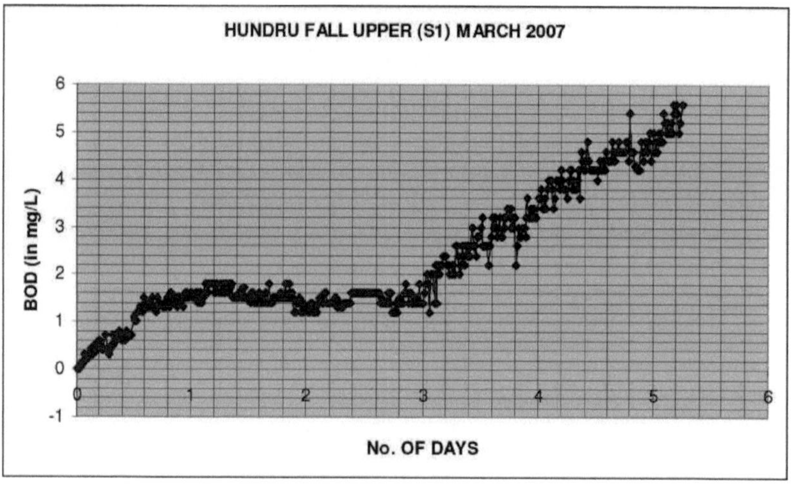

FIGURA 4.21 Curva de CBO da amostra de água recolhida em S1 em março de 2007

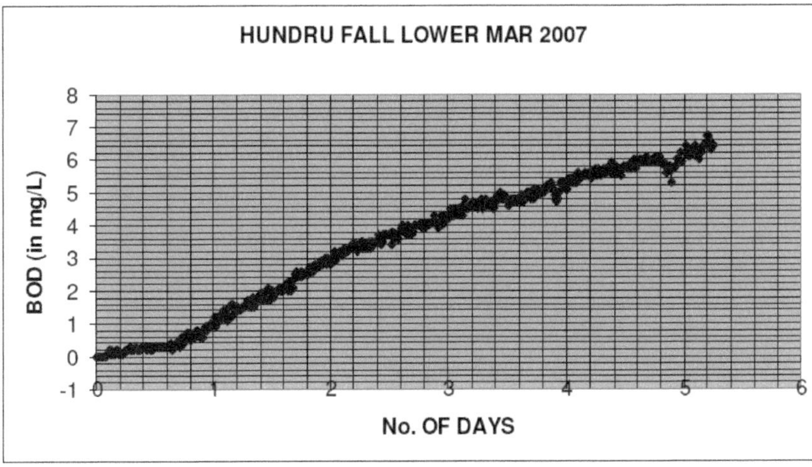

FIGURA 4.22 Curva de CBO da amostra de água recolhida em S2 em março de 2007

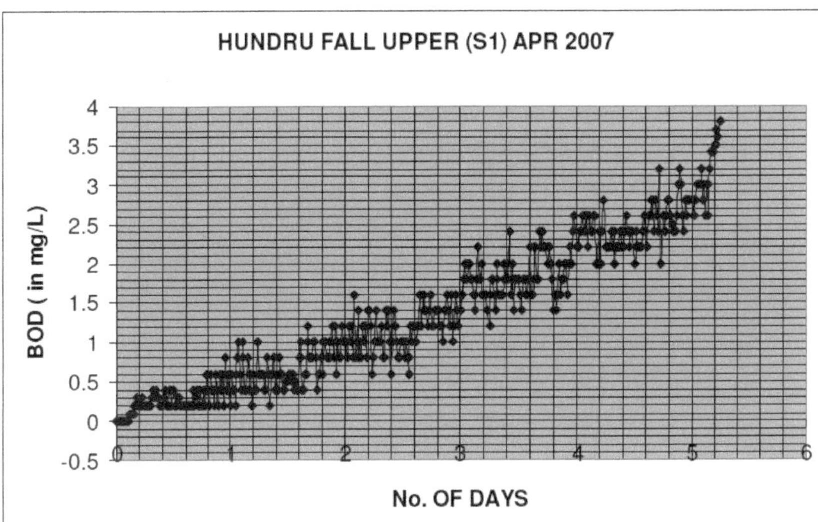

FIGURA 4.23 Curva de CBO da amostra de água recolhida em S1 em abril de 2007

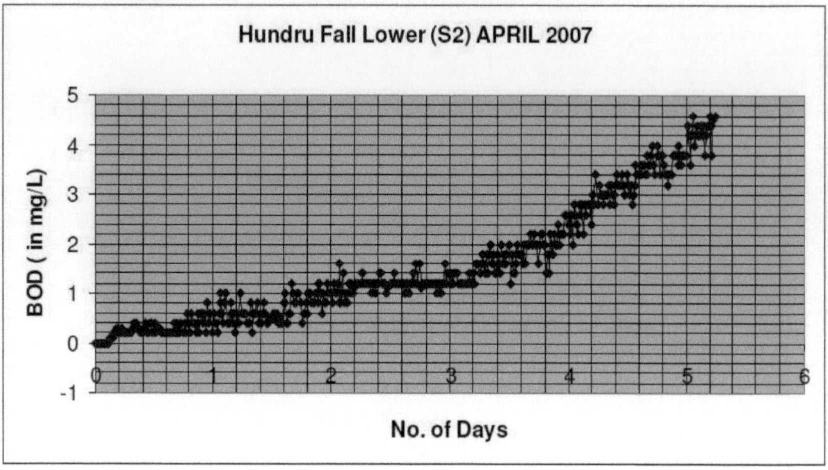

FIGURA 4.24 Curva de CBO da amostra de água recolhida em S2 em abril de 2007

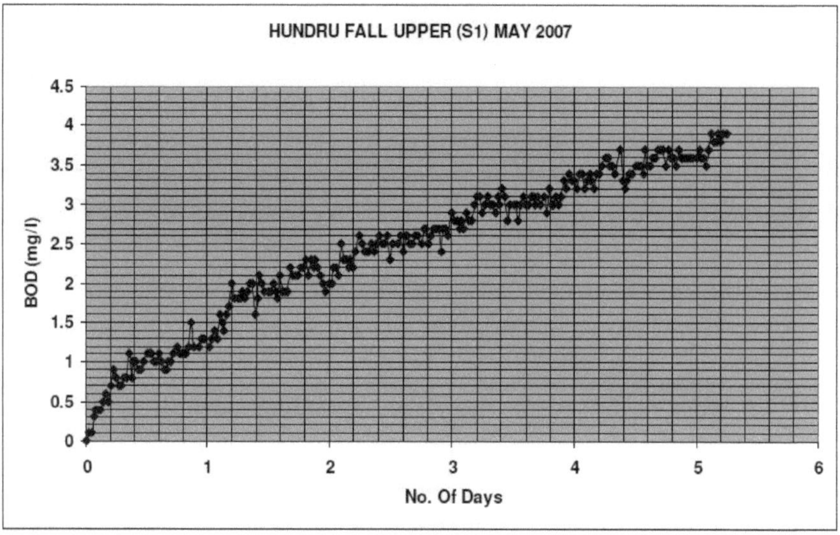

FIGURA 4.25 Curva de CBO da amostra de água recolhida em S1 em maio de 2007

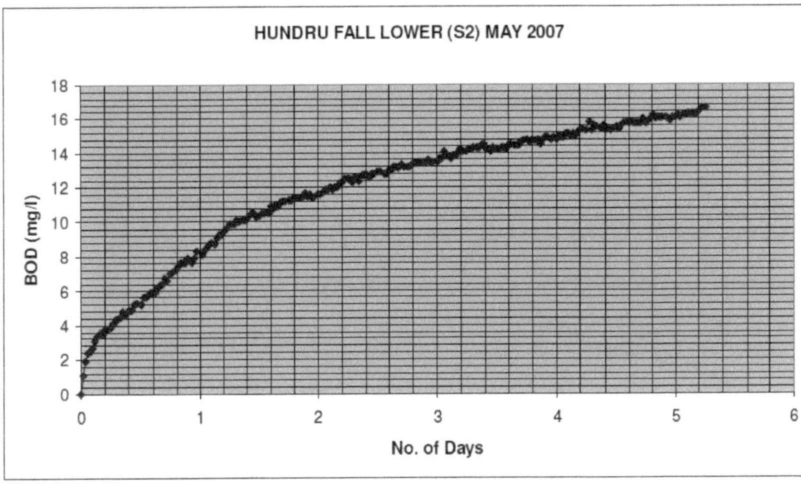

FIGURA 4.26 Curva de CBO da amostra de água recolhida em S2 em maio de 2007

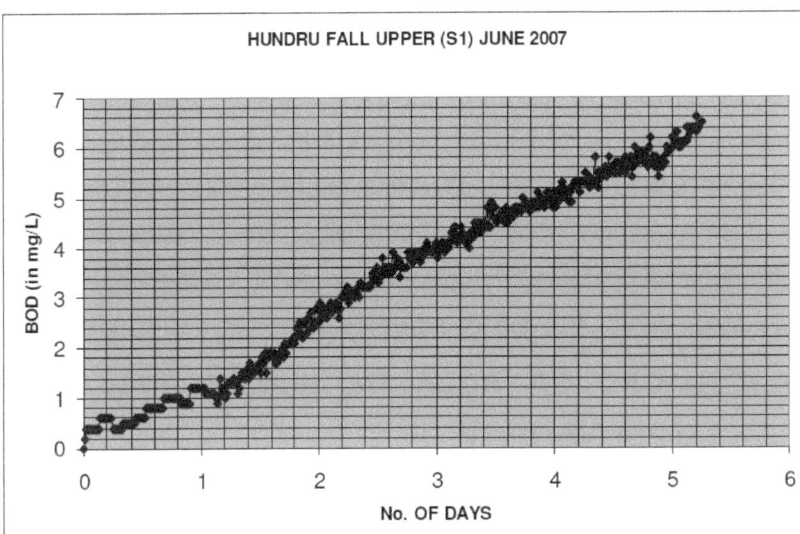

FIGURA 4.27 Curva de CBO da amostra de água recolhida em S1 em junho de 2007

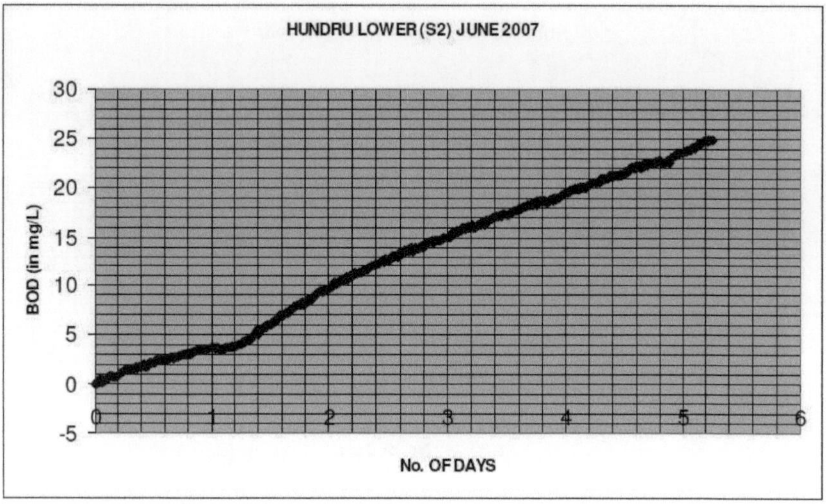

FIGURA 4.28 Curva de CBO da amostra de água recolhida em S2 em junho de 2007

4.1.24 VARIAÇÃO TEMPORAL DOS COLIFORMES TOTAIS:

O valor mais elevado de coliformes totais em maio é de 1700 UFC em S3 e o mais baixo em março é de 730 UFC em S3. A contagem total de organismos coliformes 50, 500 e 5000 NMP/100 ml (máximo) especificada na classificação CPCB das águas de superfície foi mantida nas classes A, B e C, respetivamente. A contagem de coliformes superior a 500 foi encontrada na água da queda de Hundru, que foi considerada de classe C. (Quadro 1.1)

(II) ADEQUAÇÃO DA ÁGUA DE HUNDRU FALLS PARA UTILIZAÇÃO POLIVALENTE

Com base na caraterização identificada da água das quedas de Hundru, o objetivo deste estudo é analisar a qualidade da água em função dos vários tipos de utilização da água, tais como: consumo e utilização doméstica geral, irrigação, pesca, actividades recreativas e utilização industrial.

4.2.1. Adequação para água potável e uso doméstico geral

A adequação da água para consumo humano foi avaliada utilizando as diretrizes CPCB, IS-10500-1992 e OMS (1984). Os níveis dos parâmetros medidos (Quadro 4.1 e 4.2) para todos os locais da água da cascata de Hundru foram inferiores aos valores padrão (Quadro 1.1 a 1.3), exceto para a CBO, cujo valor foi sempre superior a 3,0 mg/L em todos os locais e meses (exceto 2,3 mg/L no mês de janeiro em S1), a turvação (min- 18,60 NTU e max- 36,60 NTU) foi sempre superior ao limite permitido e também para o Fe (min.-1.12 mg/L e max.- 2.12 mg/L) foi sempre superior ao limite admissível de 0.3 mg/L. Além disso, as diretrizes da OMS (OMS, 1996) exigem que toda a água destinada a ser bebida esteja isenta de bactérias coliformes (CF) ou *E. coli*. Estas não devem ser detectáveis em qualquer amostra de 100 mL. As tabelas 4.1 e 4.2 mostram uma contagem mínima de 730 UFC e um máximo de 1700 coliformes totais/100 mL de amostra. No entanto, há duas considerações que, na realidade, tornariam a água da queda de Hundru aceitável para fins de consumo. Em primeiro lugar, a água para consumo humano é sujeita a filtração e desinfeção para destruir os agentes patogénicos e, em segundo lugar, a maior parte da água seria retirada do local menos poluído S1.

4.2.2. Adequação para irrigação e utilizações industriais

A adequação da água da queda de Hundru para o abastecimento de água de irrigação foi avaliada utilizando os critérios comunicados pela CPCB. O excesso de solutos na água de irrigação é um problema comum em zonas semiáridas e pode surgir potencialmente na estação seca indiana (abril-maio), quando a perda de água por evaporação é máxima. Os valores de condutividade situam-se na gama de 248-352 µS/cm e o pH situa-se na gama de 6,82 - 7,80, dentro da gama admissível de 2250 µS/cm (máx.) e 6-8,5, respetivamente, de acordo com os critérios CPCB. Estas considerações levam à conclusão de que a água da queda de Hundru é adequada para fins de irrigação. Os dados relativos à qualidade da água indicam que a melhor gestão possível da água da queda de Hundru ajudaria a população de Jharkhand no atual cenário de crise de água.

4.2.3. Aptidão para a pesca

A adequação da criação de peixes na queda de Hundru foi avaliada utilizando as diretrizes para a pesca em ribeiros, lagos e lagoas (CPCB e limites de tolerância das águas superficiais terrestres para a piscicultura, IS 2296-1974). O teor de oxigénio dissolvido (6,6- 9,2 mg/L) é superior ao valor mínimo necessário para manter os peixes em condições saudáveis (4 mg/L). O valor de CBO superior a 3,0 mg/L pode estar a criar algum problema para a vida aquática. Os metais vestigiais apresentaram valores de concentração baixos, inferiores aos valores de adequação ao consumo humano, exceto o Fe. Embora seja aconselhável efetuar análises de pesticidas, sempre que existam escoamentos agrícolas. Consequentemente, a qualidade da água da cascata de Hundru é considerada aceitável para manter uma população de peixes. No entanto, é necessário efetuar uma investigação orientada para o estudo das pescas. Isto é de grande importância para identificar os tipos mais favoráveis de reprodução e produtividade de peixes no habitat da queda de Hundru no local S2.

4.3.4. Adequação para actividades recreativas

A adequação para utilização recreativa (banhos) foi avaliada com base nas diretrizes da CPCB. O teor de oxigénio dissolvido (6,6- 9,2 mg/L) é superior ao valor mínimo exigido de 5mg/L ou mais e o valor do pH (6,82-7,80) também se encontra dentro do limite permitido (6,5-8,5), mas os valores de CBO e de coliformes totais são superiores ao limite permitido de 3mg/L e inferiores a 500 NMP/100 ml. O perfil bacteriológico da água da cascata de Hundru não está em conformidade com as densidades bacterianas recomendadas, que é superior à contagem recomendada de 500 coliformes totais. Os diferentes tipos de bactérias, vírus, protozoários e helmintas persistentes associados a vários tipos de resíduos de descarga devem ser identificados para efeitos de controlo e segurança. Assim, a qualidade da água da cascata de Hundru não é adequada para uso recreativo, como banhos e natação. Este resultado é alarmante para os turistas que vêm fazer piqueniques e tomar banho na queda de Hundru.

CAPÍTULO 5

CONCLUSÃO

Neste estudo, os dados sobre a qualidade da água relativos a 27 parâmetros físicos, químicos e biológicos recolhidos em quatro locais de amostragem (S1, S2, S3 e S4) ao longo da parte superior e inferior da queda de Hundru em Ranchi, Jharkdand, de janeiro a junho de 2007 (total de 648 observações) foram analisados para avaliação das suas utilizações polivalentes, nomeadamente, beber, doméstica, irrigação, industrial, pesca e actividades recreativas. A maioria dos dados comunicados estava em conformidade com a norma IS 10500-1992 e as diretrizes da OMS, bem como com os critérios de qualidade da água da CPCB, Nova Deli, exceto os valores de Turbidez, Fe, CBO e Coliformes Totais.

Algumas das principais conclusões são:

1. A turbidez é sempre elevada em todo o sítio de amostragem durante o período de estudo.

2. A concentração de ferro é sempre muito elevada em todo o local de amostragem durante o período de estudo.

3. A concentração de CBO também é mais elevada na maioria dos locais ao longo do período de estudo, exceto 2,3 mg/L no mês de janeiro de 2007 em S1.

4. A contagem total de coliformes é também superior a 500 CFU/100 ml, com um mínimo de 730 CFU/100 ml no mês de fevereiro e um máximo de 1700 CFU/100 ml no mês de maio.

5. O local de amostragem S1 é o local menos poluído e o S3 é o local mais poluído no que respeita a todos os parâmetros na maior parte das observações.

6. No mês de maio, a concentração da maioria dos parâmetros é elevada, o que se deve provavelmente à estação seca e ao menor volume de água na

queda de Hundru.

7. No mês de junho, a concentração da maioria dos parâmetros é elevada, o que se deve provavelmente à estação das monções e às fortes chuvas.

Assim, pode recomendar-se que:

1. A água da cascata de Hundru é adequada para beber e para uso doméstico após o processo de filtração e desinfeção.

2. A água da queda de Hundru é adequada para irrigação, utilizações industriais e pescas, até certo ponto.

3. Não se recomenda o banho e a natação dos turistas nas cataratas de Hundru.

BIBLIOGRAFIA

1. www.all-india-travel-tourism.com

2. www.ranchi.com

3. www.cpcb.nic.in

4. Especificação da norma indiana para água potável: IS-10500-1992, Indian Standards Institution, Nova Deli, Gr. 6 1992.

5. OMS: *Guidelines for Drinking Water Quality,* Organização Mundial de Saúde, Genebra,

1984.

6. Ouyanga Y. et al., 2006. Avaliação das variações sazonais da qualidade das águas superficiais. Water Research 40, 3800 - 3810.

7. Singh Kunwar P. et al., 2005. Avaliação da qualidade da água e repartição das fontes de poluição do rio Gomti (Índia) utilizando técnicas estatísticas multivariadas - um estudo de caso. Analytica Chimica Ata 538, 355-374.

8. Hoko Zvikomborero, 2005. Uma avaliação da qualidade da água potável nos distritos rurais do Zimbabué. O caso dos distritos de Gokwe South, Nkayi, Lupane e Mwenezi. Physics and Chemistry of the Earth 30, 859866.

9. Baghel Vinay S. et al., 2005. Indicadores bacterianos de contaminação fecal do sistema do rio Ganges diretamente na sua nascente. Indicadores Ecológicos 5 49-56.

10. Goldar Bishwanath e Banerjee Nandini, 2004. Impact of informal regulation of pollution on water quality in rivers in India (Impacto da regulamentação informal da poluição na qualidade da água dos rios na Índia). Journal of Environmental Management 73 117-130.

11. Goransson Elisabet et al., 2004. Representatividade de uma amostra de química da água de superfície de um lago médio. Monitorização e Avaliação Ambiental 95 221-238.

12. Gupta D. B., Mitra Siddhartha, 2004. Sustaining Subernarekha river basin. Water Resources Development, Vol. 20, No. 3, 431-444.

13. Sargaonkar Aabha, Deshpande Vijaya, 2003. Development of an Overall Index of Pollution for Surface water Based on a general classification scheme in Indian context. Environmental Monitoring and Assessment 89 4367.

14. Das J., Acharya B. C., 2003. Hidrologia e avaliação da qualidade da água lótica na cidade de Cuttack, Índia. Water, Air, and Soil Pollution 150 163-175.

15. Ravichandran S., 2003. Hydrological influences on the water quality trends in Tamiraparani Basin, South India. Environmental Monitoring and Assessment 87, 293-309.

16. Stambuk-Giljanovic Nives, 2003. A qualidade da água do rio Vrgorska matica. Monitorização e Avaliação Ambiental 83, 229-253.

17. Simeonov V. et al., 2003. Avaliação da qualidade das águas superficiais no Norte da Grécia. Water Research 37, 4119-4124.

18. Jurdi Mey et al., 2002. Evaluation of Water Quality of the Qaraaoun Reservoir, Lebanon: Suitability for multipurpose usage. Monitorização e Avaliação Ambiental 77, 11-30.

19. Stambuk-Giljanovic Nives, 2001. A qualidade da água na albufeira de Bu "Sko Blato. Monitorização e Avaliação Ambiental 71, 279-296.

20. Pande Sunil P. et al., 2001. Laboratory and field assessment of Arsenic testing field kits In Bangladesh and West Bengal, India. Monitorização e Avaliação Ambiental 68: 1-18

21. APHA (Associação Americana de Saúde Pública). Standard methods for the examination of water and wastewater.18th ed. Washington D.C. USA: APHA- AWWA-WEF; 1992. Washington, D.C., EUA: APHA- AWWA-WEF; 1992.

FSC www.fsc.org
MIX
Papier aus verantwortungsvollen Quellen
Paper from responsible sources
FSC® C105338

Printed by Books on Demand GmbH, Norderstedt / Germany